“全能型”乡镇供电所岗位培训教材

综合柜员

国家电网公司营销部（农电工作部） 编

内 容 提 要

《“全能型”乡镇供电所岗位培训教材（通用知识、台区经理、综合柜员）》共分 3 个分册，本书为《“全能型”乡镇供电所岗位培训教材（综合柜员）》分册。

本书共分为 11 章，主要内容包括用电营业管理、优质服务、信息安全、用电业务咨询、业扩报装、变更用电、收费管理、资金安全管理、电费发票解读、新型营销业务、沟通与协调等。

本书针对性、实用性强，可供乡镇供电所营业厅综合柜员岗位培训与业务技能指导使用，是全国乡镇供电所从事综合柜员岗位工作人员的理想教材。

图书在版编目（CIP）数据

“全能型”乡镇供电所岗位培训教材. 综合柜员 / 国家电网公司营销部（农电工作部）编. —北京：中国电力出版社，2017.12（2024.7 重印）

ISBN 978-7-5198-1610-0

Ⅰ. ①全…　Ⅱ. ①国…　Ⅲ. ①农村配电–岗位培训–教材　Ⅳ. ①TM727.1

中国版本图书馆 CIP 数据核字（2017）第 316455 号

出版发行：中国电力出版社
地　　址：北京市东城区北京站西街 19 号（邮政编码 100005）
网　　址：http://www.cepp.sgcc.com.cn
责任编辑：杨敏群（010-63412531）　贾丹丹
责任校对：常燕昆
装帧设计：赵姗姗　东方文墨
责任印制：钱兴根

印　　刷：固安县铭成印刷有限公司
版　　次：2017 年 12 月第一版
印　　次：2024 年 7 月北京第十一次印刷
开　　本：787mm×1092mm　16 开本
印　　张：8.75
字　　数：197 千字
定　　价：28.00 元

编 委 会

编 写 组

前　言

乡镇供电所是国家电网公司最基层的供电服务组织，承担着密切联系乡镇政府和人民群众、服务“三农”和地方经济社会发展的重要职责，是国家电网公司安全生产、经营管理、供电服务、树立品牌形象的一线阵地和窗口。

2017年初，国家电网公司党组研究部署开展“全能型”乡镇供电所建设工作，目标是依托信息技术应用，推进营配业务融合，建立网格化供电服务模式，优化班组设置，培养复合型员工，支撑新型业务推广，构建快速响应的服务前端，建设业务协同运行、人员一专多能、服务一次到位的“全能型”乡镇供电所。经过近一年的建设，国家电网公司所属乡镇供电所基本实现了班组和业务营配融合，建立了农村供电网格化管理、片区化服务的新模式。

为贯彻落实“全能型”乡镇供电所建设要求，培育一专多能的员工队伍，提高乡镇供电所员工岗位技能和队伍素质水平，国家电网公司营销部（农电工作部）组织、国网江苏电力牵头，国网河北、山西、江西、黑龙江、陕西、宁夏、四川电力配合，共同编写了《“全能型”乡镇供电所岗位培训教材（通用知识、台区经理、综合柜员）》及《乡镇供电所台区经理实务手册》《乡镇供电所综合柜员实务手册》，用于乡镇供电所台区经理与营业厅综合柜员的岗位培训和工作指导。

《“全能型”乡镇供电所岗位培训教材（通用知识、台区经理、综合柜员）》以促进岗位技能提升为目标，根据乡镇供电所岗位工作职责、内容、标准和要求，以模块化的形式，明确了从事各岗位工作应掌握的知识与技能，划分为基础知识、专业知识、相关知识、基本技能、专业技能、相关技能及职业素养七个方面的知识技能培训模块。

统筹考虑综合柜员人员素质和岗位技能现状，将综合柜员岗位专业知识、相关知识、专业技能、相关技能部分组卷为《“全能型”乡镇供电所岗位培训教材（综合柜员）》分册，供综合柜员岗位人员自学及培训用，其配套的《乡镇供电所综合柜员实务手册》用于实际工作查阅。

本教材涵盖了乡镇供电所用电营业管理、优质服务、业务咨询、业务受理、电费收缴、沟通协调等内容，并紧密结合新型业务的发展趋势，较以往的培训教材增加了清洁能源业务咨询受理、电能替代推广、充换电设施用电咨询及受理等新型业务的培训知识。

本教材突出乡镇供电所营业厅综合柜员岗位培训与业务技能指导特点，针对性、实用性强，是国家电网公司乡镇供电所从事综合柜员岗位人员的理想教材。它的出版发行，必将对培养一专多能的员工队伍有着极大的促进作用，同时也将对全面推进“全能型”乡镇供电所建设产生积极的影响。

编　者

2017 年 10 月

目 录

第1章

用电营业管理

模块1　用电营业管理概述（ZHGY01001）

模块描述

本模块主要介绍电能产品、电能销售、用电营业管理工作的特点，用电营业管理在电力企业中的地位和作用以及用电营业管理的基本内容。通过对概念描述、特点分析，了解电能销售、用电营业管理的知识以及用电营业管理的基本内容。

模块内容

一、用电营业管理的地位和作用

（一）电能产品的特点

电能是一种特殊的商品，其生产、传输、销售和使用几乎是在同一瞬间完成。电能是现代社会大量广泛使用的一种必不可少的能源形态，是国民经济发展的重要物质基础，它在国民经济中发挥着极其重要的作用。

电能的生产实质上是把原油、原煤、天然气、水能、核燃料等一次能源转化为二次能源电能，这种二次能源通过传输、分配，再由各种用电装置转化为机械能、热能、光能、电磁能、化学能等实用形态的能源，即发电、输电、变电、配电、用电的全部过程。

电能作为电力企业的生产产品，其主要特点归纳如下：

1. 电能是一种优质的能源

电能是一种优质的能源，用途极其广泛。电能被广泛应用在经济生产、日常生活、科学教育、国防建设、通信传媒等国民经济各行各业，在当今社会，电能已经成为基本的生产、生活资料。

2. 电能是一种方便的能源

电能是一种方便使用的能源，它可以通过输电网非常方便地远距离传输；也可以非常方便地转化成动能、热能、光能、机械能等其他能源方式，从而满足不同的用电需要。

3. 电能是洁净的能源

电能是一种清洁干净的能源，在直接使用过程中不会产生污染，在能源中有绿色能源之称。

4. 电能是一种高效的能源

电能是一种高效的能源，仅就热效率而言，电能比燃煤高20%，比燃油高6%～13%。

5. 电能不能大量储存

电能的生产、传输、销售和使用几乎是在同一瞬间完成，因此，发电、输电和用电也必须同时进行。三个环节密不可分，必须始终保持平衡。

（二）电能生产和销售的特点

1. "买卖"方式的固定性

当客户向供电部门提出新装用电申请，经业扩报装部门办理相应业务手续、装表接电、签订供用电合同后，供用电双方的"买卖"关系就以特定的方式予以固定，如客户的用电类别、供电方式、执行的电价、交费方式等。客户不能随意更改购电方式，供电部门也不能任意变更供电途径和供电方式，如果需要变更供用电合同中的任一条款都需要向供电部门提出申请。

2. 供电市场的垄断性

《中华人民共和国电力法》对供电营业区的划分有明确的法律条文，并提出了供电营业专营的法律规定，即在供电部门的法定经营区域内，一般只存在一个"卖方"，客户一般不能从另一个"卖方"购得电能。因此在供电市场上，电能的销售是呈一定的区域性的垄断。

3. 电能使用的广泛性

电能是一种绿色能源，干净、环保又易于传输、控制和转换，因此，电能拥有其他商品不可比拟的使用广泛性。目前，电能已成为社会发展、劳动生产和改善人们生活水平的技术力量与物质基础，成为整个社会必不可少的一种能源。

4. 电能隶属和所有权转换的含糊性与明确性

电能的产、供、销、用在同一瞬间完成，因此，无法明确确定商品电能在某一时间内的产权隶属，不存在有形商品那样明显的所有权转换手续。在某一瞬间，电能产品既可以说是发电厂的，又可以说是供电公司的，还可以说是客户的。

5. 生产与使用的一致性

电能不能大量储存，因此，电能的生产量决定于同一瞬间客户的需用量，客户的用电量也只能取决于电能的生产量。电力生产和电力消费是不可分割的，即供电与用电依赖于发电的能力，发电和供电取决于用电水平。

6. 电能价格的多样性

同一时间、不同用电类别客户对电能生产、销售成本有不同的影响，在制定电价时，不同的用电类别分摊的电能成本比例不同，最终构成的电价也就不同。为了体现公平负担成本的定价原则，我国还制定了各种电价制度，对不同用电类别的客户除了执行目录电价表上的目录电价，还要执行各种电价制度。因此，电能产品是单一的，但价格是多样的。

7. 电能销售呈赊销性

在电能销售过程中，电能无明显的所有权转换手续，且无法事先准确确定客户实用电量（售电量），因此，只能按每月电能计量装置记录、抄算出的实际数量来计收（交纳）电费。这种销售方式是先用电后付费的赊销方式。目前，电能销售方式大部分是赊销，但先付费后用电的销售方式正逐渐兴起。

（三）用电营业管理工作的特点

营业是经营业务的简称，用电营业管理是电力营销管理的主要工作之一，是电力营销管理工作中的重要管理环节，是电力企业生产经营的重要组成部分，其主要任务就是围绕电能销售而进行的售前、售中和售后的服务工作。其工作特点可归纳如下：

1. 政策性强

用电营业管理工作是一项政策性非常强的工作，无论是电价核定、业务扩充、用电变更等工作，国家都有很多政策、法规、规范来控制、约束、规范工作过程和工作人员的行为。因此，用电营业管理工作人员应认真贯彻国民经济在不同时期所制订的电力分配政策和一系列合理用电的措施，如单位产品耗电定额和提高设备利用率、负荷率等，熟悉国家制订的电价政策，具备较高的政策理解和执行水平，才能更好地贯彻党和国家对电力工业的方针政策。

2. 生产和经营的整体性

电能产品不是成品，不能大量储存，不能像普通商品一样通过一般的商业渠道进入市场，任消费者任意选购。电能销售只能是通过电力网络，作为销售电能和购买电能的流通渠道。因此，电力网络既是完成生产电能过程的基本组成部分，又是经营电力产品的销售渠道。

3. 技术和经营的统一性

供电企业和客户的关系绝不是单纯的买卖关系，在保证电能产品质量方面，发、供、用电三方都有责任。因此，供用电双方必须在技术领域上紧密配合，共同保证电网的安全、稳定、经济、合理，实现保质、保量的电能销售与购买的正常进行。

4. 电力发展的先行性

电力工业的基本建设与市政规划、各行各业的发展规划密切相关，而发电厂、供电网的建设具有一定的周期性。为了满足客户的用电需求，满足电能的生产与需求的一致性，电力工业的发展应当超前发展，电力建设应走在各行各业建设之前。因此，用电营业管理人员应开展不定期的社会调查、负荷预测，了解和掌握第一手资料，对新建、扩建需要用电的单位或地区，一方面要主动了解它们的发展状况，另一方面则应要求这些单位在开工或投产前必须向电力部门提供用电负荷资料和发展规划，为电力工业的发展提供可靠的依据，只有这样，电力工业才能做到电力先行。

5. 营业窗口的服务性

用电营业管理工作是一项服务性很强的工作，它与各行各业密不可分，是电力企业和电力客户之间的窗口和桥梁。国家电网公司营业场所包括所属各市区县供电营业厅、农村供电营业厅、电费收交点及其他补充的服务场所，是向广大客户提供“优质、方便、规范、真诚”服务的供电窗口，客户可以就近选择营业厅前往办理相关业务。

（1）农村供电所营业厅全体工作人员每日应提前15min到岗，营业班长主持召开当天晨会，内容包括：① 当班人员是否已全部到岗；② 两人一组面对面站立，互相检查仪容、仪表；③ 营业班长总结昨日工作，安排当日工作内容。

（2）晨会后综合柜员根据各自职责检查营业厅环境、设备及服务设施的正常运转情况，营业厅内陈列的宣传资料的备存数量情况，便民物品是否齐全，同时检查供电营业大厅环境是否整洁有序。做好当天工作准备，开门营业。

（3）晨会完毕，综合柜员至少提前5min上岗，进行柜台整理及服务前准备工作。用电营业管理人员的工作态度和工作质量直接关系到供电企业的声誉和形象。因此，用电营业管理工作人员应本着对供电企业和客户负责的态度，做好本职工作，更好地为客户服务。

（四）用电营业管理的作用和地位

1. 用电营业管理在供电企业中的作用

（1）用电营业管理是供电企业的销售环节。供电企业和其他工业企业的基本任务是一样的，都要为满足社会需要而生产物美价廉的产品，为社会服务，同时也要为社会取得较高的经济效益，为国家积累较多的资金。

为了实现上述目标，供电企业还必须不断地发展业务，开拓潜在的电力市场，赢得更多的客户，取得更高的经济效益。

（2）用电营业管理是供电企业经营成果的综合体现。在用电营业管理工作中，能否准确计量客户每月消耗的电量，及时核算和回收客户每月应付的电费，并上缴电费；能否挖掘和开拓更多的潜在电力客户；关系到电价水平和国家的财政收入，关系到国家、客户和电力部门利益，同时也关系到供电企业的经营成果。因此，供电企业的经营成果是通过用电营业管理这个销售环节体现出来的。

2. 用电营业管理在供电企业中的地位

电力企业生产的电能不能通过商店陈列出售，也不能进入仓库储存，只能用多少生产多少，即供、用电两者之间在每一瞬间都必须保持平衡。基于电能生产与消费紧密相连的特点，使得供电企业经营管理与其他工业企业有显著的不同。一是用电营业管理工作涉及社会的各个方面，它工作的对象是整个社会，不仅具有广泛的社会性，而且具有很强的技术性和服务性；二是电能销售后，电能的价格和电费收取情况与国民经济状况和国民经济政策也有着密切的关系。所以，电能经营管理水平的高低不但影响着资金的回收和电力工业自身的发展，还直接影响着国家的财政收入和国民经济的发展速度。因此，用电营业管理工作是供电企业经营管理工作中非常重要的组成部分，具有举足轻重的地位。

二、用电营业管理的基本内容

营销业务领域相关的业务划分为“客户服务与客户关系”“电费管理”“电能计量及信息采集”和“市场与需求侧”等4个业务领域。

四大业务领域中涉及用电营业管理工作的基本内容包括新装、增容及变更用电管理，电费管理（抄表管理、核算管理、电费收交及账务管理、线损管理），供用电合同管理，营业稽查管理及供电优质服务。

（一）新装、增容及变更用电管理

1. 新装、增容工作

新装和增容工作又称业务扩充（简称业扩），其主要任务是接受客户的用电申请，根据电网实际情况，办理供电与用电不断扩充的有关业务工作，以满足客户用电增长的需要。

业扩主要工作内容包括以下方面：

（1）受理客户的用电申请，审查有关资料。

（2）组织现场调查、勘查，进行分析，根据电网供电可能性与客户协商，确定供电方案。

（3）收取各项业务费用。

（4）对客户自建工程进行中间检查和竣工检查验收。

（5）签订供用电合同（协议）。

（6）装表、接电。

（7）客户回访。

（8）信息归档等。

2. 变更用电

变更用电是指客户因某种原因需改变供用电合同的一项或多项条款的业务工作。在营销业务模型中将变更用电的业务归纳如下：减容、减容恢复、暂停、暂停恢复、暂换、暂换恢复、迁址、移表、暂拆、复装、更名、过户、分户、并户、销户、改压、改类、计量装置故障、验表等。

（二）电费管理

客户办理有关业务手续，完成接电后，电网就开始为客户供应电能，并尽可能满足客户的需要。客户使用电能，按商品交换原则，必须按国家规定的电价和实用电量，定期向供电部门交纳足额的电费。

电费管理工作包括抄表管理、核算管理、电费收交及账务管理等工作。电费管理是电力企业在电能销售环节和资金回笼、流通及周转中极为重要的一项工作，是电力企业生产经营成果的最终体现，也是电力企业进行简单再生产和扩大再生产，并为国家提供资金积累的保证。

（三）供用电合同管理

供用电合同是指供电方（供电企业）根据客户的需要和电网的可供能力，在遵守国家法律、行政法规、符合国家供用电政策的基础上，与用电方（客户）签订的明确供用电双方权利和义务关系的协议。供用电合同管理主要描述供用电合同履行过程中不同的管理模式。

（四）营业稽查管理

电力营业稽查的基本任务是依据国家有关法律、行政法规、国家政策和电力企业有关规章制度，对本企业从事电力营销工作的单位或涉及电力营销的部门及人员，在电力营销过程中的行为进行稽查监督。营业稽查工作的好坏直接关系到营业管理各个环节的工作质量、经济效益、社会形象，因此，营业稽查管理是营业管理部门不可忽视的一项重要工作。

电力营业稽查的基本职责是组织各部门开展质量管理工作；协调各部门的质量管理活动，加以综合并进行监督；采用抽查办法，开展质量稽核工作；对内查工作质量，对外查违章用电和窃电。

（五）供电优质服务

供电优质服务渗透在整个电业营业管理过程中，做好电力客户服务工作，深化优质服务，有助于树立良好的企业形象，促进企业外部环境的优化，产生更大的经济效益。同时，电力企业作为社会公用事业和国有企业的性质，决定了必须承担应有的社会责任，为国民经济和人民生活提供优质的电能和良好的服务，为社会做出应有的贡献。因此，电力客户服务工作是社会效益和经济效益的有机统一。

思考与练习

（1）用电营业管理的主要工作内容包括哪些？

（2）用电营业管理工作的特点有哪些？

（3）电费管理的工作内容有哪些？

（4）电力营业稽查的基本任务有哪些？

模块2 销售电价的分类及实施范围（ZHGY01002）

模块描述

本模块主要介绍销售电价的分类和实施范围。通过概念描述、要点归纳，掌握分类电价的实施范围。

模块内容

销售电价适用范围主要包括居民生活用电、农业生产用电、一般工商业及其他用电价格类别的适用范围，并单列大工业用电价格类别。

一、居民生活用电

城乡居民住宅用电：城乡居民住宅用电是指城乡居民家庭住宅，以及机关、部队、学校、企事业单位集体宿舍的生活用电。

城乡居民住宅小区公用附属设施用电：是指城乡居民家庭住宅小区内的公共场所照明、电梯、水泵、电子防盗门、电子门铃、消防、绿地、门卫、车库等非经营性用电。

学校教学和学生生活用电：是指学校的教室、图书馆、实验室、体育用房、校系行政用房等教学设施，以及学生食堂、澡堂、宿舍等学生生活设施用电。执行居民生活电价的学校的用电是指经国家有关部门批准，由政府及其有关部门、社会组织和公民个人举办的公办、民办学校的用电，学校包括：① 普通高等学校（包括大学、独立设置的学院和高等专科学校）；② 普通高中、成人高中和中等职业学校（包括普通中专、成人中专、职业高中、技工学校）；③ 普通初中、职业初中、成人初中；④ 普通小学、成人小学；⑤ 幼儿园（托儿所）；⑥ 特殊教育学校（对残障儿童、少年实施义务教育的机构）。不含各类经营性培训机构，如驾校、烹饪、美容美发、语言、电脑培训等。

社会福利场所生活用电：是指经县级及以上人民政府民政部门批准，由国家、社会组织和公民个人举办的，为老年人、残疾人、孤儿、弃婴提供养护、康复、托管等服务场所的生活用电。

宗教场所生活用电：是指经县级及以上人民政府宗教事务部门登记的寺院、宫观、清真寺、教堂等宗教活动场所常住人员和外来暂住人员的生活用电。

城乡社区居民委员会服务设施用电：是指城乡居民社区居民委员会工作场所及非经营性公益服务设施的用电。

二、农业生产用电

农业生产用电包括以下内容：

（1）农业用电，是指各种农作物的种植活动用电。农业用电包括谷物、豆类、薯类、棉花、油料、糖料、麻类、烟草、蔬菜、食用菌、园艺作物、水果、坚果、含油果、饮料和香料作物、中药材及其他农作物种植用电。

（2）林木培育和种植用电，是指林木育种和育苗、造林和更新、森林经营和管护等活动用电。其中，森林经营和管护用电是指在林木生长的不同时期进行的促进林木生长发育的活动用电，不包括木材和竹材采运、林产品采集等用电。

（3）畜牧业用电，是指为了获得各种畜禽产品而从事的动物饲养活动用电。畜牧业用电包括昆虫及皮毛类动物的饲养、繁育、孵化用电，不包括专门供体育活动和休闲等活动相关的禽畜饲养用电。

（4）渔业用电，是指在内陆水域对各种水生动物进行养殖、捕捞，以及在海水中对各种水生动植物进行养殖、捕捞活动用电，包括鱼塘排涝的抽水、灌水用电。不包括专门供体育活动、休闲和钓鱼等活动用电以及水产品的加工用电。

（5）农业灌溉用电，是指为农业生产服务的灌溉及排涝用电。

（6）农产品初加工用电，是指对各种农产品（包括天然橡胶、纺织纤维原料）进行脱水、凝固、去籽、净化、分类、晒干、剥皮、初烤、沤软或大批包装以提供初级市场的用电。

三、大工业用电及农副产品加工业用电

大工业用电，是指受电变压器（含不通过受电变压器的高压电动机）容量在 315kVA 及以上的下列用电：① 以电为原动力，或以电冶炼、烘焙、熔焊、电解、电化、电热的工业生产用电；② 铁路（包括地下铁路、城铁）、航运、电车及石油（天然气、热力）加压站生产用电；③ 自来水、工业实验、电子计算中心、垃圾处理、污水处理生产用电。

农副产品加工业用电，是指直接以农、林、牧、渔产品为原料进行的谷物磨制、饲料加工、植物油和制糖加工、屠宰及肉类加工、水产品加工，以及蔬菜、水果、坚果等食品的加工用电。

四、一般工商业及其他用电

一般工商业及其他用电是指除居民生活用电、农业生产用电以及大工业用电以外的用电。

1. 电动汽车充换电设施用电

对向电网经营企业直接报装接电的经营性集中式充换电设施用电，执行大工业用电价格。2020 年前，暂免收基本电费。其他充电设施按其所在场所执行分类目录电价。其中，居民家庭住宅、居民住宅小区、执行居民电价的非居民客户中设置的充电设施用电，执行居民用电价格中的合表客户电价；党政机关、企事业单位和社会公共停车场中设置的充电设施用电执行“一般工商业及其他”类用电价格。

2. 船舶岸基供电设施用电

对港口船舶岸基供电设施用电应单独装表计量，并实行扶持性电价政策。2020 年前，用电价格按×省电网销售电价表中大工业用电相应电压等级的电度电价执行（电压等级不满 1kV 的，参照 1～10kV 电度电价水平执行），免收基本电费，不执行峰谷分时电价政策。

思考与练习

（1）现行销售电价有哪几类？

（2）居民生活用电包括哪些？

（3）农业生产用电包括哪些？

模块 3 日常营业工作的主要内容（ZHGY01003）

模块描述

本模块主要介绍电力营销工作中日常营业的概念和内含以及日常营业工作的主要内容。通过定义描述、业务内容介绍，掌握日常营业工作的主要内容。

模块内容

“日常营业”是供电企业日常受理正常使用中电力客户各种用电业务工作的统称。它与“业务扩充，电费抄、核、收管理”三位一体，构成了整个电力营销管理工作的全过程。“日常营业”在电力营销工作中，是一个承前启后的环节，是沟通电力供需渠道的桥梁，不仅对电力企业内部工作起到协调作用，而且成为各道工序之间联系的纽带。

供电所日常营业工作的主要内容分为两大类：

（1）属于管理性质的有：① 因供电部门本身管理需要而开展的业务，如生产、定期核查、用电检查、营业普查、修改资料和协议等事宜；② 供电部门应客户要求提供劳务及费用计收；③ 电能计量方面，如移表、验表、故障换表、拆表复装、进户线移（改）动等；④ 用电检查工作，如违约用电、窃电的查处；⑤ 因供电部门本身管理需要而开展的业务。

（2）属于服务性质的有：① 解答客户用电咨询；② 排解客户用电纠纷；③ 接受客户投诉举报；④ 宣传供用电法律法规、电价政策、安全用电常识；⑤ 应客户要求提供劳务及费用计收而开展的业务。

思考与练习

（1）什么是日常营业？

（2）供电所日常营业工作主要内容有哪些？

（3）日常营业工作中属于服务性质的工作有哪些？

模块4 日常营业中的服务工作（ZHGY01004）

模块描述

本模块主要介绍电力客户服务的定义、特性、运营要素及日常营业的服务规范。通过定义描述、特点分析、业务内容讲解，了解供电服务内容，掌握日常营业服务工作规范的要求。

模块内容

一、电力客户服务的定义及特性

1. 电力客户服务的定义

电力客户服务是指以电能商品为载体，用以交易和满足客户需要的、本身无形和不发生实物所有权转移的活动。具体包括以下两个要点：

（1）电力客户服务的目的是促进电能交易和满足电力客户的需要。

1）电力客户服务是为了促进电能的交易。离开交易就不会发生电力企业对客户的服务。

2）电力客户服务交易是为了满足电力客户的需要，如报装接电，这既是电力企业与客户之间的电力交易，又是满足客户用电要求、提高供电质量的有效措施。

（2）电力客户服务是无形的和不发生实物所有权的转移。

1）电力客户服务本身是无形的，虽然电力客户服务中心的营业厅和营业人员是有形的，但服务人员对客户提供的咨询、交费等服务是无形的。

2）电力客户服务交易实质上都不发生服务者本身实物所有权的转移。

2. 电力客户服务的特性

从本质上讲，电力客户服务的基本特征有以下几点：

（1）服务的无形性。服务的本质是抽象的、无形的。服务既非完成虚无缥缈或不可感知，也非仅是无关紧要的修饰品，而是实实在在存在的产品，只不过其存在的形态是无形的。如电力客户到营业厅申请用电、办理业务时，在购买电能商品的同时，感受到的是供电营销人员提供的各项服务。

（2）服务的不可分性。电力营销服务和电能商品的销售是同步进行的，并且有客户参与。电力营销人员提供优质服务的全过程也是客户申请用电、办理业务和使用电力商品的全过程。

（3）服务的易变性。电力客户服务是不标准的、不稳定的。电力服务是一种行为，电力企业服务提供者是营销、服务人员，接受者是各类客户。不同营销、服务人员的行为表现会因人、因时而异，甚至是同一人不同时间所提供的服务也会不尽相同。

（4）服务的易逝性。电力客户服务对象不能像实体产品那样储存。电力客户服务无法在客户消费电能之前生产与储存，电力客户服务只存在于电能被销售出去的那个时点，如果客户不对服务产生的能力加以及时地利用，它创造的利润就会自然丧失。

（5）服务的普遍性。电力是特殊商品，电力销售具有一定的行业垄断性，供电企业对需要服务的客户没有可选择性，几乎面向全社会所有自然人和各行各业，因此，电力客户服务具有普遍性。

二、电力客户服务运营管理要素

1. 定义

当电力客户服务在运营时，用以实现“以客户为中心”的服务目标，不同的服务功能的各种服务载体称为电力客户服务运营管理要素。

2. 构成

电力客户服务运营管理要素由服务主体、服务客体和服务内容构成。

（1）服务主体。服务主体指供电企业和电力客户。

电力客户按供用电关系分类，可分为直供客户、趸售客户、转供电客户。直供客户是指与电力企业建立直接供用电和计量收费合同关系的客户。趸售客户是指从电力企业趸购电能，再转售给其供电营业区内电力消费者的客户，趸售客户一般以县为单位。转供电客户是指在公用供电设施尚未达到达的地区，电力企业征得该地区有供电能力的直供客户同意后，以合同形式委托向其附近的客户转供电力的客户。

（2）服务客体。服务客体指为客户提供的电力服务，如供电企业提供的咨询服务、故障维修服务等。

（3）服务内容。根据供电企业为客户提供服务的界面不同，供电服务内容可划分为柜台服务、现场服务、咨询服务、特别服务和电力报修服务。

1）柜台服务（营业窗口服务）指供电服务人员在营业窗口柜台为客户提供办理用电手续或咨询服务。

2）现场服务指供电服务人员在客户用电现场为客户提供用电申请、勘查、电力工程施工、接电、抄表、收费、咨询、处理设备缺陷、抢修或宣传服务。

3）咨询服务指通过公告、电话、传真、网络、柜台、书面、现场等方式为客户提供电力业务和法规的查询服务。

4）特别服务主要指实行电话预约服务、无周休日服务、对确有需要的伤残孤寡老人提供上门服务等。

5）电力报修服务主要指发生电力故障或紧急情况时为客户提供的服务。

三、日常营业的服务工作规范

（一）文明服务规范

1. 基础行为规范

品质、技能、纪律是文明服务行为规范的基础行为规范，是对供电营业职工在职业道德方面提出的总体要求，也是落实文明行为规范必须具备的综合素质。供电营业职工必须养成良好的职业道德，牢固树立“爱岗敬业、诚实守信、办事公道、服务人民、奉献社会”的良好风尚。

品质的基本要求是热爱电业，忠于职守。技能的基本要求是勤奋学习，精通业务。纪律的基本要求是遵章守纪，廉洁自律。

2. 形象行为规范

着装、仪容和举止是供电营业职工的外在表现，既反映了员工个人修养，又代表企业的形象。

着装的基本要求是统一、整洁、得体。仪容的基本要求是自然、大方、端庄。举止的基本要求是文雅、礼貌、精神。

3. 一般行为规范

接待、会话、服务、沟通属文明服务的一般行为。供电营业职工的一言一行事关工作质量、工作效率和企业形象，必须从客户的需求出发，科学、规范地做好接待和服务工作，赢得客户的满意和信赖。

接待的基本要求是微笑、热情和真诚。会话的基本要求是亲切、诚恳、谦虚。服务的基本要求是快捷、周到、满意。沟通的基本要求是冷静、理智、策略。

4. 具体行为规范

具体行为规范是指与业务工作直接相关的服务规范。柜台、电话（网络）及现场是为客户服务的具体场合，要通过高效、真诚、周到、优质的服务，让客户高兴而来，满意而归，赢得更多客户的信赖，为供电企业开辟更广阔的市场。

柜台服务的基本要求是优质、高效、周全。电话（网络）服务的基本要求是畅通、方便、高效。现场服务的基本要求是安全、守信、满意。

（二）供电营业规范化服务标准

1. 营业环境

营业环境包括以下内容：

（1）设有客户等候休息处，置备客户书写台；

（2）放置免费赠送客户的宣传资料，包括电力法规制度、办理用电业务须知、电价与电费制度、用电常识等；

（3）营业场所应有明显标志，营业柜台应定置摆放标示办理各类业务的标牌；

（4）告示营业时间及受理业务范围、办理程序、收费项目、收费标准和服务程序。

2. 柜台服务

柜台服务包括以下内容：

（1）上岗员工统一着装，佩戴统一编号的服务证（章）、工号牌；

（2）上岗员工要主动、热情、周到接待客户；

（3）上岗员工必须使用规范化文明用语，提倡使用普通话；

（4）设置咨询服务岗位，为客户提供用电或办理用电手续咨询服务；

（5）办理每件居民客户收费业务的时间不超过5min，客户办理用电业务的等候时间不超过20min。

3. 报装服务

报装服务包括以下内容：

（1）新装、增容用电和用电变更由报装柜台受理或线上受理，按规定程序，一口对外；

（2）客户受电装置经验收合格并办完用电手续后，居民客户不超过 3 个工作日，其他客户不超过 5 个工作日送电。

4. 咨询服务

咨询服务包括以下内容：

（1）开设并公告用电业务查询电话，提供查询服务，回答客户的电费账务查询、用电申请办理情况查询、电力法规查询等；

（2）对社会公布的服务电话，应在铃响 4 声内摘机通话；

（3）接到客户书面查询电费账目后，应在 7 个工作日内用书面回复客户；

（4）提倡建立自动查询系统。

5. 特别服务

特别服务包括以下内容：

（1）对具备条件的居民客户，实行电话预约装表接电；

（2）开办节假日、公休日居民用电电话预约服务；

（3）对确有需要的伤残、孤寡老人提供上门服务。

6. 供电服务

供电服务包括以下内容：

（1）设立抢修电话，并向社会公布电话号码；

（2）供电设施计划抢修需停电时，应在 7 天前向社会公告停电线路、停电区域、停电时间，特殊重要客户应特别通知；

（3）临时处理供电设施故障需停电时，应及时通知客户；

（4）突发故障而停电，客户查询时，应做好解释工作。

7. 服务监督

服务监督包括以下内容：

（1）设立服务质量投诉电话，并向社会公布电话号码；在营业场所设立意见箱或意见簿。

（2）在客户中聘请服务质量监督员；定期召开客户座谈会或走访客户，听取对供电营业服务的意见。

（3）对客户投诉的服务质量问题，在 3 个工作日内通报受理情况，15 个工作日内答复处理结果。

思考与练习

（1）电力客户服务是什么？

（2）供电服务内容包括哪些？

（3）柜台服务规范有哪些要求？

（4）咨询服务规范有哪些要求？

模块5 业务扩充的工作内容（ZHGY01005）

模块描述

本模块主要介绍业务扩充的含义、主要内容以及工作流程。通过定义描述、业务内容讲解、流程介绍，掌握业务扩充主要工作内容和工作流程。

模块内容

一、业务扩充的定义

业务扩充（即业扩或业扩报装），是电力企业营业工作中的习惯用语，即为新装和增容客户办理各种必需的登记手续和一些业务手续。业务扩充是供电企业电力供应和销售的受理环节，是电力营销工作的开始。

二、业务扩充的主要工作内容

业务扩充的主要工作内容包括：

（1）受理客户新装、增容和增设电源的用电业务申请；

（2）根据客户和电网的情况（通过现场查勘），制订供电方案；

（3）组织因业务扩充引起的供电设施新建、扩建工程的设计、施工、验收、启动；

（4）对客户内部受电工程进行设计审查、中间检查和竣工验收；

（5）签订供用电合同；

（6）装表接电；

（7）汇集整理有关资料并建档立户。

三、业务扩充工作的流程

根据《供电营业规则》第十六条的规定，任何单位或个人需新装用电、增加用电容量等，都需要到供电企业办理用电手续。

供电企业的用电营业机构统一归口办理客户的用电申请和报装接电工作，包括用电申请书的发放及审核、供电条件勘查、供电方案确定及批复、有关费用收取、受电工程设计的审核、施工中间检查、竣工检验、供用电合同（协议）签订、装表接电等项业务。

业扩的工作流程是指供电公司受理客户新装或增容等业扩报装工作的内部传递程序。制订流程的原则是为客户提供快捷便利的服务。流程的具体运作是由供电公司营业窗口供电营业厅“一口对外”完成的。“一口对外”是把营业窗口建设成客户服务中心，客户服务中心的运作遵循内转外不转的原则，即公司内部传递的所有程序均由客户经理牵头，客户服务中心办理，而客户只要“进一个门、找一个人”，就能在规定期限内办完一次业扩报装申请。

（一）受理用电申请

1. 受理用电申请的方式

随着通信和信息技术的发展，供电企业除采用传统的在营业网点的柜台办理用电手续外，还可用电话和网站来受理客户的用电申请。供电企业采用电话或网站办理用电业务时，同样应通过电话的语音服务和因特网站的公告牌公告办理包括业务扩充在内的各项用电业务的程序、制度和收费标准。

供电企业的用电营业机构统一归口办理客户的用电申请和业务扩充工作，包括用电申请表的发放及审核，供电条件勘查、供电方案确定，有关费用收取，受电工程的管理，供用电合同（协议）签订，装表接电等业务。

2. 填写用电申请表

用电申请表是供电企业制订供电方案的重要依据，客户应如实填写，包括用电地点、用电性质、联系人、联系电话、用电设备清单、用电负荷（负荷特性）、保安电源、用电规划、工艺流程、用电区域平面图以及对供电的特殊要求等。"申请单位盖章"应加盖公章，私人性质的填写身份证号。

手工申请表应采用钢笔填写，不得任意涂改，无错、漏字现象，字迹应清晰工整。

（二）供电方案的确定

确定供电方案是业务扩充工作的一个重要环节，供电方案合理与否，将直接影响电网的结构与运行是否合理、灵活，客户的供电可靠性能否满足，电压质量能否保证，客户与供电企业的投资和运行费用是否经济合理等。

客户供电方案主要是依据客户的用电要求、用电性质、现场调查的信息以及电网的结构和运行情况来确定。确定供电方案的主要内容是：① 确定为客户供电的容量；② 确定为客户供电的电压等级；③ 确定为客户供电的电源点；④ 确定为客户供电的供电方式，即单电源还是双电源，以及供电线路的导线选择和架设方式；⑤ 确定为满足电网安全运行对客户一次接线和有关电气设备选型配置安装的要求；⑥ 根据客户的用电容量、电压等级、用电性质、用电类别等明确客户执行的电价标准，从而确定计量方式、计量点设置、计量装置选型配置等。

1. 供电方案的答复时间

供电企业对已受理的用电申请，应尽快确定供电方案，居民客户最长不超过 3 个工作日；低压电力客户最长不超过 7 个工作日；高压单电源客户最长不超过 15 个工作日；高压双电源客户最长不超过 30 个工作日。若不能如期确定供电方案时，供电企业应向客户说明原因。客户对供电企业答复的供电方案有不同意见时，应在一个月内提出意见，双方可再行协商确定。客户应根据确定的供电方案进行受电工程设计。

2. 供电方案的有效期

供电方案的有效期是指从供电方案正式通知书发出之日起至受电工程开工日为止。高压供电方案的有效期为一年，低压供电方案的有效期为 3 个月，逾期注销。

客户遇有特殊情况，需延长供电方案有效期的，应在有效期到期前 10 天向供电企业提出申请，供电企业应视情况予以办理延长手续。但延长时间不得超过前款规定期限。

（三）受电工程设计的审核

客户收到供电企业的供电方案答复后，应委托取得国家相应资质的电力送变电工程勘测（设计）单位设计，委托取得电力监管机构颁发的《承装（修、试）电力设施许可证》的单位施工。

1. 业扩工程的设计和施工

（1）10kV配电线路情况复杂，架空、电缆等敷设方式、交叉跨越、线径校核等不确定因素较多，应由具有相应资质的设计单位进行设计。

（2）35kV及以上的输电线路工程，客户应根据供电方案的批复文件，在取得当地规划部门的同意后，一般可委托电力部门的设计院（所、室）进行设计，由送变电施工单位完成施工任务，线路工程竣工后，再移交电力运行部门进行维护管理。

（3）35kV及以上的业扩报装变电工程，在供电方案批复后，可以通知客户委托有关部门做工程设计。凡是竣工后交由电力部门维护管理的，一般应由电力部门进行设计、施工；竣工后由客户自己维护管理的，其工程设计应经业扩报装部门审查批准，施工任务可委托电力部门或专业施工单位完成。

（4）业扩报装引起的区域变电站的扩建或改建工程应由电力部门负责安排设计与施工。

2. 业扩工程设计的审查

为了电网的安全运行，客户受电工程的设计须由供电企业依照批复的供电方案和有关设计规程进行审查，供电企业对供电客户受电工程进行设计审查时，供电客户应提供有关资料。

低压供电客户应提供的设计审核资料（一式两份）包括：

（1）负荷组成、性质及保安负荷；

（2）用电设备清单；

（3）其他资料。

高压供电客户应提供的设计审核资料（一式两份）包括：

《供电营业规则》第三十九条规定：客户受电工程设计文件和有关资料应一式两份送交供电企业审核。高压供电的客户应提供：

（1）受电工程设计及说明书；

（2）用电负荷分布图；

（3）负荷组成、性质及保安负荷；

（4）影响电能质量的用电设备清单；

（5）主要电气设备一览表；

（6）节能篇及主要生产设备；

（7）生产工艺耗电以及允许中断供电时间；

（8）高压受电装置一、二次接线图与平面布置图；

（9）用电功率因数计算及无功补偿方式；

（10）继电保护、过电压保护及电能计量装置的方式；

（11）隐蔽工程设计资料；

（12）配电网络布置图；

（13）自备电源及接线方式；

（14）设计单位资质审查材料；

（15）供电企业认为必须提供的其他资料。

供电企业对客户送审的受电工程设计文件和有关资料，应根据国家和行业的有关标准进行审核。审核的时限要求是：高压供电客户最长不超过一个月，低压供电客户最长不超过10天。

（四）有关费用收取

按照国家有关规定及物价部门批准的收费标准，确定相关费用，并通知客户交费。按确定的收费项目和收费金额向客户收取费用，打印发票/收费凭证，建立客户的实收信息，更新欠费信息。

（五）中间检查和竣工检验

在业扩工程阶段，供电企业应根据设计方案进行工程验收检查，工程验收检查分为中间检查、竣工验收（送电前检查）两个阶段。

1. 中间检查

客户受电工程在施工期间，供电企业应根据审核同意的设计和有关施工标准，对客户受电工程中的隐蔽工程进行中间检查。

当工程进行到 2/3 时，各种电气设备基本安装就绪时，对客户内部工程的电气设备、变压器容量、继电保护、防雷设施、接地装置等方面进行的全面的质量检查称为中间检查。

中间检查的目的是及时发现不符合设计要求与不符合施工工艺等问题，并提出改进意见，争取在完工前进行改正，以避免完工后再进行大量返工。经过中间检查提出的改进意见要做到一次向客户提全、提清楚，防止查一次提一些，使时间拖的很长而影响客户变电站的施工和投入运行。

2. 竣工验收

送电前的验收检查称为竣工验收。中间检查后，客户应根据提出的改进意见，逐项予以改正。当客户将缺陷全部改正完毕后，业扩报装部门应按照国家和电力行业颁发的设计规程、运行规程、验收规范和各种防范措施等要求，根据客户提供的竣工报告和资料，组织相关部门对受电工程的工程质量进行全面检查、验收。

（六）供用电合同的签订

供用电合同是我国经济合同法明文规定的重要合同之一，供用电合同是指供电方（供电企业）根据客户的需要和电网的可供能力，在遵守国家法律、行政法规、符合国家供用电政策的基础上，与用电方（客户）签订的明确供用电双方权利和义务关系的协议。

凡属供电营业区内的长期用电户以及临时用电户，均应签订供用电合同或供用电协议。

供用电合同的签订是为了保护合同当事者的合法权益，明确双方的责任，维护正常的供用电秩序，提高电能使用的经济效果。

供电企业和客户应根据平等自愿、协商一致的原则，按照国家有关规定签订供用电合同，明确双方的权利和义务。

（七）装表接电

接电是供电企业将申请用电者的受电装置接入供电网的行为。接电后，客户合上自己的开关，即可开始用电。一般安装电能计量装置与接电同时进行，故又称装表接电。

1. 装表接电的原则要求

新装、增容用电客户在竣工验收合格，交清有关费用，签订《供电用合同》后，应及时为客户工程装表接电。

2. 实施接电前应具备的条件

实施接电前应具备的条件包括：

（1）新建的外部供电工程已验收合格；

（2）客户受（送）电装置已竣工检验合格；

（3）工程款及其他费用结清；

（4）供用电合同及有关协议都已签订；

（5）电能计量装置已检验安装合格；

（6）客户电气工作人员考试合格并取得证件；

（7）客户安全运行规章制度已经建立。

3. 接电时应做的工作

接电时应做的工作包括：

（1）接电前，电能计量部门应再次根据变压器容量核对电能计量用互感器的变比和极性是否正确。

（2）检查人员应对客户变电站内全部电气设备再做一次外观检查，通知客户拆除一切临时电源，对二次回路进行联运试验。

（3）在客户变电站投入运行后，应检查电能表运转情况是否正常，相序是否正确；对计量装置进行验收试验并实施封印；会同客户现场抄录电能表示数作为计费起始依据。

（4）双电源客户还应核对一次相位、相序。

4. 装表接电时限要求

对已竣工验收合格并具备供电条件的客户装表接电时间，居民客户不超过3个工作日，其他客户不超过5个工作日。

（八）归档

归档是指对客户的基本档案、电源档案、计费档案、计量档案和合同档案归档，核对客户待归档信息和资料，收集并整理报装资料，完成资料归档。其主要工作包括：

（1）检查客户档案信息的完整性。档案信息主要包括申请信息、设备信息、基本信息、供电方案信息、计费信息、计量信息（包括采集装置）等。如果存在档案信息错误或信息不完整，则发起相关流程纠错。

（2）为客户档案设置物理存放位置，形成并记录档案存放号。

（3）检查上传电子化档案的完整性和规范性，对缺失以及不规范的档案进行补录和整改。

思考与练习

（1）什么是业务扩充？

（2）业务扩充的主要工作内容包括哪些？

（3）请解释“一口对外”的含义。

模块6 违约用电和窃电的处理（ZHGY01006）

模块描述

本模块主要介绍违约用电和窃电的定义及处理规定。通过定义描述、要点讲解，掌握违约用电和窃电的相关处理方法。

模块内容

一、违约用电的处理

1. 违约用电的定义

违约用电是指危害供用电安全，扰乱供用电秩序的行为。违约用电从国家对供用电关系规范来说，属于违规行为，就国家赋予供电单位的权益以及用电单位签订供电合同条款而言，属于违约行为，因此，一般把因违约用电而追补的电费及处罚称为违约金。

2. 违约用电的主要现象

客户有以下危害供用电秩序、扰乱正常供电秩序的行为属于违约用电：

（1）擅自改变用电类别；

（2）擅自超过合同确定的容量用电；

（3）擅自超过计划分配的用电指标；

（4）擅自使用已在供电单位办理暂停手续的电力设备，或启用已被供电单位查封的电力设备；

（5）擅自迁移、更动或擅自操作供电单位的电能计量装置、电力负荷管理装置、供电设施以及约定由供电单位调度的客户受电设备；

（6）未经供电单位许可，擅自引入（供出）电源，或将自备电源擅自并网。

3. 违约用电的处理规定

危害供用电安全、扰乱正常供用电秩序的行为，属于违约用电行为。供电企业对查获的违约用电行为应及时予以制止。有下列违约用电行为者，应承担其相应的违约责任：

（1）在电价低的供电线路上，擅自接用电价高的用电设备或私自改变用电类别的用户，应按实际使用日期补交其差额电费，并承担两倍差额电费的违约使用电费。使用起止日期难以确定的，实际使用时间按3个月计算。

（2）私自超过合同约定的容量用电的，除应拆除私增容设备外，属于两部制电价的用户，应补交私增设备容量使用月数的基本电费，并承担3倍私增容量基本电费的违约使用电费；其他用户应承担私增容量每千瓦（千伏安）50元的违约使用电费。如果用户要求继续使用，则按新装增容办理手续。

（3）擅自超过计划分配的用电指标的用户，应承担高峰超用电力每次每千瓦1元和超用电量与现行电价电费5倍的违约使用电费。

（4）擅自使用已在供电企业办理暂停手续的电力设备或启用供电封存的电力设备的，应停用违约使用设备。属于两部制电价的用户，应补交擅自使用或启用封存设备容量和使用月数的基本电费，并承担两倍补交基本电费的违约使用电费；其他用户应承担擅自使用或启用封存设备容量每次每千瓦（千伏安）30元的违约使用电费。启用属于私增容被封存的设备的，违约使用者还应承担（2）规定的违约责任。

（5）私自迁移、更动和擅自操作供电企业的用电计量装置、电力负荷管理装置、供电设施以及约定由供电企业调度的用户受电设备者，属于居民用户的，应承担每次500元的违约使用电费；属于其他用户的，应承担每次5000元的违约使用电费。

（6）未经供电企业同意，擅自引入（供出）电源或将备用电源和其他电源私自并网的，除当即拆除接线外，应承担其引入（供出）或并网电源容量每千瓦（千伏安）500元的违约使用电费。

二、窃电的处理

1. 窃电的定义

窃电是一种以非法侵占使用电能为形式，实质以盗窃供电企业电费为目的的行为，是一种严重的违法犯罪行为，窃电不仅破坏了正常的供用电秩序，盗窃了电能，还使供电企业蒙受了经济损失。

2. 窃电的主要现象

客户有以下行为的属于窃电：

（1）在供电单位的供电设施上，擅自接线用电；

（2）绕越供电单位安装的电能计量装置用电；

（3）伪造或开启供电单位电能计量装置；

（4）故意损坏供电单位电能计量装置；

（5）故意使供电单位的电能计量装置不准或失效；

（6）采用其他方法窃电。

3. 窃电的现场调查取证工作

窃电的现场调查取证工作包括：

（1）现场封存或提取损坏的电能计量装置，保全窃电痕迹，收集伪造或开启的加封计量装置的封印；收缴窃电工具。

（2）采取现场拍照、摄像、录音等手段。

（3）收集用电客户产品、产量、产值统计和产品单耗数据。

（4）收集专业试验、专项技术检定结论材料。

（5）收集窃电设备容量、窃电时间等相关信息。

（6）填写用电检查现场勘查记录、当事人的调查笔录要经用电客户法人代表或授权代理人签字确认。

4. 窃电的处理规定

供电企业对查获的窃电者，应予制止，并可当场中止供电。窃电者应按所窃电量补交电费并承担补交电费3倍的违约使用电费。拒绝承担窃电责任的，供电企业应报请电力管理部门依法处理。窃电数额较大或情节严重的，供电企业应提请司法机关依法追究刑事责任。窃电量和窃电金额的计算规定如下：

（1）在供电企业的供电设施上，擅自接线用电的，所窃电量按私接设备额定容量（千伏安视同千瓦）乘以实际使用时间计算确定。

（2）窃电时间和窃电容量无法查明时，可参照以下方法确定：

1）按同属性单位正常用电的单位产品耗电量和窃电单位的产品产量相乘计算用电量，加上其他辅助用电量后与抄见电量对比的差额；

2）在总表上窃电、按分表电量及正常损耗之和与总表抄见电量的差额计算；

3）按历史上正常月份用电量与窃电后抄见电量的差额，并根据实际用电变化情况确定；

4）窃电时间无法查明时，窃电日数至少以180天计算，每日窃电时间为电力客户按12h计算，照明客户按6h计算。

（3）采用以上方法难以确定时，所窃电量按计费电能表标定电流值（对装有限流器的，按限流器整定电流值）所指的容量（千伏安视同千瓦）乘以窃用的时间计算确定。

（4）窃电金额=窃电量×（物价部门核定的电力销售价格+国家和省政策规定随电量收取的各类合法费用）。

三、违约用电和窃电事实的认定

认定违约用电和窃电事实的核心与关键在于证据，这两类案件在证据的形式和取证的注意事项等方面是相通的。

证据的形式有以下几种：

1. 物证

物证指窃电时使用的工具或与窃电有关的物品，能够证明窃电时存在的物品和留下的痕迹，如窃电时使用的工具，对计量装置、互感器、导线等电力设施和设备的毁坏及留下的痕迹。

2. 书证

书证是指能够证明窃电案件真实情况的文字材料，如《用电检查结果通知书》《违约用电、窃电通知书》，现场调查笔录、检查笔录或询问笔录，抄表卡、用电记录、电费收据、客户生产记录等。

3. 勘验笔录

勘验笔录是指公安机关或电力管理部门、电力企业对窃电现场进行检查、勘验所做的笔录，这些笔录应由勘验人员、见证人签名。

4. 视听资料

视听资料是指以录音、录像、照片、磁带所记录的影像、音响以及电子计算机中所储存的数据、资料及其载体等用以证明案件真实情况的资料。

5. 当事人陈述

当事人陈述是指供电、用电双方就案件的有关情况，向电力管理部门和公安机关所做的陈述或供述。

6. 证人证言

证人证言是指知道案情的人，就其所了解的情况向电力部门或公安机关的陈述证词。

7. 鉴定结论

鉴定结论是指为查明案件情况，由公安机关、司法机关或聘请有专门知识的人进行鉴定后得出的结论性报告，如公安机关指定或聘请电力科学研究院、技术监督、计量单位对计量装置、互感器、导线的检测鉴定。取证时应注意手段要合法，物证、书证要提取原件，证人证言、当事人陈述要签字确认，鉴定结论要具有法律效力。视听资料要妥善保管。

思考与练习

（1）什么是违约用电？哪些行为属于违约用电？

（2）什么是窃电？哪些行为属于窃电？

（3）如何处理窃电？

第2章

优 质 服 务

模块1 客户接待及投诉管理（ZHGY02001）

模块描述

本模块主要介绍供电所客户接待及投诉管理的相关规定。通过概念描述、特点分析，掌握处理客户来信、来访及投诉的方式、方法。

模块内容

供电所是供电公司的一个营业单元，对客户接待与投诉管理一方面关系到企业形象，同时也代表着供电所的服务水平与工作质量。供电所可设置客户接待室，明确专人负责相关方面的接待工作。

供电所所长是客户来信、来访及投诉接待工作的第一责任人，全面负责供电所的接待及投诉管理。

对客户来信、来访及投诉，工作人员应按接待服务行为规范，热情接待，认真听取客户的反映，并根据有关政策、法规给予解释、答复或处理。对不明确或一时难以答复的事情，无法在承诺期内调查完毕的事项，应热情、耐心、诚恳地做好解释工作。

供电所应设立意见箱和举报箱，明确专人定期开启，广泛听取客户意见，虚心接受客户监督。

供电所应建立客户来信、来访及投诉举报记录，对来信、来访及投诉举报内容应进行认真登记、编号、分类汇总。并根据来信、来访反映的情况，由所长安排调查处理，使来信、来访、投诉处理形成闭环管理。

对来信、来访及投诉的接待和处理，一定要认真负责，不得推诿扯皮，不得无故拖延时间，要求在受理信访五个工作日内向客户做出答复。

对上级转交来的投诉、举报，应在规定时限内调查处理，做好记录，回复客户后，及时以书面形式报告上级调查结果与处理意见。若不需向客户回复的，可直接向上级报告。

如果是确认供电所工作失误造成的差错，给客户造成影响，应及时向客户表示歉意，消除影响；给客户造成损失的，应予以赔偿。对有关责任人给予相应的批评、教育或经济处罚。

对投诉举报案件，力争做到件件落实，事事有回音，受理查处率达到100%。对客户举报和投诉应给予保密，如果有供电所内职工将客户投诉举报内容泄露给被举报人，一经查实，将从重处理。

思考与练习

（1）客户接待及投诉管理的责任人有哪些？

（2）接受客户接待及投诉有哪些方式？

（3）对于客户接待及投诉有哪些方法？

模块2 营业服务典型案例（ZHGY02002）

模块描述

本模块主要介绍供电服务的一些典型案例。通过案例分析、要点讲解，掌握改进优质服务工作的方法。

模块内容

（一）营业厅服务待完善

案例一的受理内容：户号为21×××的客户来电反映，其前往A营业厅排队交纳电费时，营业厅窗口人员以交接班为由拒收电费，客户表示非常不满。

调查情况：【情况属实】【供电公司责任】客户去营业厅排队交纳电费，当时营业厅收费窗口正处于交接班时，因当值收费员交班过程缓慢，用时偏长，故未能正常收取电费，导致正在排队的客户着急，引起投诉。

案例二的受理内容：客户来电投诉A营业厅的窗口工作人员，在受理验表业务时，对客户态度恶劣（说话态度不耐烦，冷言冷语），客户表示不满，要求该工作人员给自己致电道歉。

调查情况：【情况属实】【供电公司责任】客户到供电公司反映电费高，怀疑表计有问题并要求验表，当时业务受理员通过营销系统对客户用电情况进行查询，发现客户近期用电量并不大，客户对此不理解，认为电能表不准且供电公司存在乱收费的情况，执意要求验表，业务员取申请单给客户填写，在客户填写业务申请单时，业务员因说话语气不委婉，态度不耐烦，给客户带来不良感知，引起客户投诉。

案例点评：这两张投诉为同一营业厅，该营业厅屡屡出现服务规范问题。两张工单地市均回复属实，1起为拒收电费、1起为态度问题。各地市公司应加强重视，避免因服务规范问题产生重复投诉。营业厅是公司形象展示的“窗口”。营业厅的工作人员要有良好的职业素养，同时提高工作规范、加强责任心，完善工作制度，真正做好服务工作，提升窗口人员的整体服务水平。

（二）粗心带来的隐患

案例的受理内容：【用电变更】客户“李×”来电投诉供电公司在11月15日有过户记录，将“李×”更名为“高××”，客户表示不知情，对此不满意，要求解释。

调查情况：【情况属实】【供电公司责任】经核实，该户“李×”地址为翠××11号103，客户“高××”地址为新城翠××11号楼1103室。2016年11月15日客户高××携带房屋产权证来营业厅办理更名过户业务，受理员在办理过程中把双方地址搞混，使用“李×”户名的户号，在其户号下发起流程，将“李×”更名为“高××”，存在明显工作差错。接单后，根据档案资料，发现确为业务办理差错，已于2016年12月8日进行系统更正，并于当天致电客户“李×”表示歉意，告知其户名已更正。

案例点评：一是工作细心程度不够。简单的更名过户业务出现工作差错，对流程监管方面存在管理漏洞。二是沟通意识欠缺。工作人员发现业务办理出现差错后，除联系诉求人外，也应及时与“高××”取得联系，主动解释以获得客户谅解，避免“高××”客户因流程录入时间异常而产生投诉意向。

（三）拒收客户电费

案例的受理内容：客户反映从8月12号至今多次去供电所交电费，工作人员都告知不收电费，让其去银行交费，客户对此表示不满。

调查情况：【情况属实】【供电公司责任】客户在8月12日到供电所交费时，因电费没有全部发行完，还未开始收费，工作人员告知其8月13日以后来；8月19日客户再次来供电所交费时，工作人员为了提高本所的银行代扣率，就建议客户到银行存钱代扣电费，而没有收取客户现金。现对供电所工作人员拒收客户电费，让客户去银行交费进行了批评教育，确保同类事情不再发生。

案例点评：一是工作责任心不强。回单中表示“因电费没有全部发行完，还未开始收费”，经营销系统查询，该户电费已于8月11日发行，工作人员未帮助客户查询电费发行情况，即随意告知客户需要等到所有电费均发行完毕（一般为15号以后）才可收取。二是工作人员拒收电费。工作人员为完成电子化交费指标，拒收现金，推荐办理卡扣，给客户带来不良感知，极易引发投诉，沟通技巧有待提高。

（四）电费交完又被实施欠费停电

案例的受理内容：【服务投诉】客户在4月16日来电反映在4月14日下午前往××营业厅交纳陈欠电费，营业厅工作人员告知只有一笔4月份电费欠费，客户当场交清电费。因营业厅工作人员未告知需交纳2月所欠电费，今天家中因欠费而被实施停电，重复往返营业厅交清欠费并办理复电手续，客户对此非常不满。

调查情况：【情况属实】【供电公司责任】经核实，客户于4月14日下午前往营业厅交纳电费，当时由于营销系统无法正常收费，该客户在等待2min左右未能正常交费时显得有些着急，工作人员便通过营销系统“应收发票补打”模块进行受理，查询客户4月份电费为666元（应收发费补打中只显示当月电费），便补打了发票，让客户先行离开。期间未考虑到该客户可能会有陈欠电费，所以未收取客户的2月份欠费，导致客户家中因欠费而停电，造成客户重复往返营业厅交费。

案例点评：一是因营销系统存在问题而使客户交费等待时间较长时，工作人员未能对客户进行安抚，并且未能帮助客户查清陈欠电费，未履行告知义务，造成客户再次往返营业厅交纳。二是收费人员在客户离开后，发现工作存在失误，未能积极采取补救措施，主动与客户联系告知，提醒客户仍有欠费；同时，收费人员未主动与抄收班组积极沟通，防止客户被欠费停电。

思考与练习

请结合以上案例，思考供电服务工作中有哪些需要改进的地方？

第3章

信息安全

模块1　业务系统信息安全（ZHGY03001）

模块描述

本模块主要介绍电力信息网络与信息安全的形势以及信息安全管理方面的一些规章制度。通过内容讲解以及要点归纳，掌握业务信息系统安全防护管理要求以及信息系统安全防护的方法。

模块内容

一、电力信息网络与信息安全概述

电力网络信息涉及电网企业、供电企业、发电企业内部基于网络技术和计算机的业务系统，数据网络和电力通信等方面，具体可分为：

1. 管理信息系统

该系统含有以下子系统：协同办公管理、物资管理、营销及市场交易管理、人力资源管理、企业一体化信息集成平台以及财务管理。

2. 电力数据网

电力数据网由电力信息数据网和电力调度数据网组成。电力信息数据网络是电力行业内部的公用网，涉及所有数据业务（除电力调度、生产控制）。电力调度数据网络是由电力生产专用拨号网络、各级电力调度专用广域数据网络组成。

3. 电力监控系统

电力监控系统是指用于监视和控制电网及电厂生产运行过程的、基于计算机及网络技术的业务处理系统及智能设备等。它包含以下系统：配电自动化系统、发电厂计算机监控系统、实时电力市场的辅助控制系统、微机保护和安全自动装置、电能量计量计费系统、负荷控制系统、水调自动化系统、变电站自动化系统、换流站计算机监控系统、能量管理系统、水电梯级调度自动化系统、广域相量测量系统和电力数据采集与监控系统等。

二、网络与信息安全态势

目前我国网络和信息安全态势总体向好，依法治网逐步推行，发展与安全双轮同驱，稳步推进网络强国目标的实现。党的十八大以来，中央和国家高度重视网络安全工作，国家制订一系列网络安全规划。

2016年10月9日下午，中共中央政治局就实施网络强国战略进行第三十六次集体学习。中共中央总书记习近平在主持学习时强调，加快推进网络信息技术自主创新，加快数字经济对经济发展的推动，加快提高网络管理水平，加快增强网络空间安全防御能力，加快用网络信息技术推进社会治理，加快提升我国对网络空间的国际话语权和规则制定权，朝着建设网络强国目标不懈努力。

十二届全国人大常委会第二十四次会议2016年11月7日上午经表决，通过了《中华人民共和国网络安全法》。这是我国网络领域的基础性法律，明确加强对个人信息保护，打击网络诈骗。该法自2017年6月1日起施行。制定网络安全法是落实国家总体安全观的重要举措，是维护网络安全的客观需要，是维护国家广大人民群众切身利益的需要。

三、网络与信息安全规章制度

公司先后发布《国家电网公司信息安全工作纲要》《国家电网公司网络与信息系统安全管理办法》《国家电网公司保密工作管理办法》《国家电网公司办公计算机信息安全管理办法》《信息化新技术应用信息安全防护若干要求》《进一步加强数据安全工作》《国家电网公司安全事故调查规程》等信息安全管理基本制度，明确了总部各部门、各分部、各单位的安全管理职责，覆盖物理、网络、边界、主机、终端、数据等安全管理及技术防护要求。

1. 《国家电网公司信息安全工作纲要》（国家电网信通〔2014〕907号）

该纲要适用于总部各部门、各分部、公司各单位；适用于公司全部在运、在建、规划阶段的电力监控系统，管理信息系统及电力通信网络；适用于公司统推及各单位自建系统；适用于公司全体员工。该纲要继承已有网络与信息安全工作成果，跟踪网络安全技术发展趋势，结合大数据、云计算、物联网、移动互联、可信计算、量子密码等新技术，优化防护结构，深化防护措施，构建智能可控网络与信息安全防护体系。该纲要按照“统一管理、统一技术”的思路，在管理方面，加强网络安全归口管理，落实网络安全责任，强化网络安全监督，构建一体化安全管理及监督体系。在技术方面，统一防护原则，通过统一安全监测、统一漏洞修补、统一病毒防护、统一网站归集等技术手段，实现网络安全防护的标准化。

2. 《国家电网网络与信息系统安全管理办法》

为加强和规范国家电网公司网络与信息系统安全工作，切实提高防攻击、防篡改、防病毒、防瘫痪、防窃密能力，实现网络与信息系统安全的可控、能控、在控，国家电网办公厅发布《国家电网公司信息系统安全管理办法》，适用于公司总（分）部及所属各级单位的网络与信息系统安全管理工作。

该办法说明网络与信息系统安全防护目标是保障电力生产监控系统及电力调度数据网络的安全，保障管理信息系统及通信、网络的安全，落实信息系统生命周期全过程安全管理，实现信息安全可控、能控、在控。防范对电力二次系统、管理信息系统的恶意攻击及侵害，抵御内外部有组织的攻击，防止由于电力二次系统、管理信息系统的崩溃或瘫痪造成的电力系统事故。公司网络与信息系统安全工作坚持“三纳入一融合”原则；在规划和建设网络与信息系统时，信息通信安全防护措施应按照“三同步”原则；电力二次系统安全防护按照“安全分区、网络专用、横向隔离、纵向认证”的防护原则；管理信息系统安全防护坚持“双网双机、分区分域、安全接入、动态感知、全面防护、准入备案”的总体安全策略，执行信息安全等级保护制度。

3.《国家电网公司办公计算机信息安全和保密管理规定》(国家电网信息〔2009〕434 号)

为加强和规范国家电网公司办公计算机信息安全和保密管理，国家电网办公厅发布《国家电网公司办公计算机信息安全和保密管理规定》，适用于公司各单位、总部各部门。

该规定共有 4 章 23 条，将信息内外网办公计算机分别运行于信息内网和信息外网，实现网络强隔离与双网双机。要求严格执行“涉密不上网、上网不涉密”纪律，根据规定进行备案。根据“谁主管谁负责、谁运行谁负责、谁使用谁负责”原则，明确各级责任人。强化管理要求，实行办公计算机分类分级管理、应用内网计算机桌面终端管理系统、部署安全管理的策略。同时，规定对办公计算机维护变更、人员提出相应要求。

四、基层员工日常网络信息安全防护措施

1. 办公区域

同事之间工作内容、工作性质不同，有权看到的信息内容、信息密级也可能不同，个人计算机的密码要设置强口令，并注意保密，不得使用通用密码，要求设置屏保程序，建议在 10min 以内自动启动，并勾选“恢复时显示登录屏幕”，以免离开电脑忘记锁屏。短时离开电脑请按 win+L 键锁屏，长时间离开电脑建议关机。

桌面上不要遗留门禁卡、钥匙、手机等重要物品，敏感文件不要放桌面上，一定要锁到柜子里。

2. 个人电脑

计算机安装维护应由公司专门维护人员统一安装，员工不得随意安装或重装计算机操作系统，也不得擅自请其他人维修；计算机统一应安装国家电网统一的安全防护程序；未经审批许可，不得擅自建立网站等服务程序。

严禁办公计算机“一机两用”(同一台计算机既上信息内网，又上信息外网或互联网)，信息内外网办公计算机要进行明显标识。

重要数据要注意备份，备注时注意数据要加密，建议使用加密盘。

3. 邮件安全

避免在宾馆等一些安全性较差的公共网络收发邮件，收发敏感邮件时要确保传输通道是加密的，Web 邮箱的传输是否加密要看 URL 是 HTTP，还是 HTTPS，带 S 说明是加密传输。用邮件客户端的加密设置一般为在发送和接收服务器设置处勾选 SSL。

钓鱼邮件种类繁多，遇到索要敏感信息的邮件要提高警惕，如果对所说邮件不知情，请勿单击链接或回复，确保自己的邮件客户端禁止访问可执行文件，可以给自己发一个“.exe”后缀的文件测试一下。

4. 移动安全

及时根据系统提示升级手机系统和 APP，手机中安装安全软件，不单击短信中的链接，非专业人员或爱好者切勿越狱或 root。使用专用的移动作业终端，严格按照规定管理，定期登录，严禁外联或擅自重装系统。要妥善保管好移动作业终端和专用 SIM 卡，出现丢失要立即报备，及时解除终端绑定，并进行停用。

5. 营销终端设备

营销终端设备包括自助交费终端、POS 机、移动作业终端。

（1）终端设备管理由各使用单位负责，实行领用人负责制，严禁在设备上进行与工作无关的操作，严禁私自拆卸设备，调换配件。

（2）终端在使用过程中，使用人应高度重视对移动作业涉密数据的防护，终端丢失时责任人应及时上报管理员做好终端解绑工作。

（3）制定各类型终端在不同运行场景和接入条件下（如内网、外网、互联网）的相关要求和管控措施，有针对性地采取加固和防护要求，并验证加固防护效果。

（4）不准将涉及国家秘密的计算机、存储设备等与信息内外网和其他信息网络进行连接；不准在公司信息外网计算机终端及设备以及信息系统上存储、传输、处理公司商业秘密信息；不准在互联网或其他公用网络上发布涉及公司商业秘密的内容和信息。

五、营销信息系统安全管理

1. 岗前管理

岗前管理内容包括：

（1）新招聘或换岗的人员上岗前，必须对其安全意识与安全技能进行教育和培训，使人员在上岗前理解其岗位的信息安全角色与职责要求，并能承担相应责任。

（2）在录用社会化用工人员前，用人单位应与其签署保密协议，明确其保密范围、保密责任、保密要求、泄密后的处罚措施等。

（3）对于工作中需要使用到营销信息系统的人员，应在岗前接受营销信息系统的相关培训，经评价合格后方可申请使用营销信息系统。

（4）由申请人填写《营销信息系统使用申请表》，通过相关部门审批与备案后，方可按相关规定开通相应营销信息系统访问的账号、权限等。

2. 在职管理

在职管理内容包括：

（1）所有人员必须遵守国家电网公司信息安全相关管理规定，履行保密协议所规定的信息安全职责，发现信息安全事件应及时向相关部门报告，并配合相关部门和人员进行事件的处理。

（2）未经授权的人员不得使用营销信息系统，已授权的客户必须在授权范围内使用营销信息系统，不得使用其他人员的权限操作营销信息系统。

（3）系统使用人员在被许可使用营销信息系统时，该人员完全接受公司对其计算机以及其附属设施上做的任何设置和策略限制。

（4）系统使用人员应保护好自己的各类账号口令、数字证书、信息资料等，不得泄露或借他人使用；禁止多人共用账号。

（5）不在办公计算机前时，应对桌面终端进行锁屏操作，并设置密码；与营销信息系统相关的敏感信息和资料应放在文件柜或抽屉中妥善保存，避免信息的泄露和窃取。

（6）系统使用人员不得恶意使用营销信息系统。

（7）系统使用人员不得利用职务之便，在营销信息系统中以导出数据、屏幕拍照、屏幕截图等手段获取非公用的相关数据信息。

（8）任何人不得从营销信息系统内获取非公用的相关数据信息。

3. 离（换）岗管理

离（换）岗管理内容包括：

（1）人员换岗或离职时应填写"离（换）岗工作交接单"，并向相关部门归还其使用的资产，包括发放的软件、文件、密钥、设备等，进行交接并记录。

（2）人员在办理换岗手续时应由其所在部门管理者通知信息系统管理员，根据"离（换）岗工作交接单"对该人员使用的信息系统的账号、口令、权限等进行重新配置。

（3）人员在办理离职手续时应由其所在部门管理者通知信息系统管理员，根据"离（换）岗工作交接单"对该人员使用的信息系统的账号、口令、权限等进行清理。

4. 外部人员管理

外部人员管理内容包括：

（1）临时外部相关方来访问、参观、交流，提供短期或不频繁的技术支持服务，并且需要使用营销信息系统时，应填写"营销信息系统使用申请表"，通过相关部门审核后，对其进行信息安全意识教育，确保其理解并遵守访问、参观时应注意的信息安全规定，并做记录。

（2）对涉及非临时外部相关方访问时，各部门在与外部方签订合同时，应按照岗位角色和职责要求，在合同中对外部人员进行约束。

5. 信息安全培训

信息安全培训内容包括：

（1）各单位每年至少组织一次全员信息安全培训，以提升营销专业人员（含社会化用工人员）的信息安全意识和安全技能。

（2）各单位应充分利用各种渠道（如信息安全海报、信息安全手册、计算机屏保动画等）开展信息安全意识宣传。

思考与练习

（1）电力网络信息涉及哪些方面？

（2）从哪些方面做到信息安全管理？

模块2　客户资料信息安全（ZHGY03002）

模块描述

本模块主要介绍保密的概念、员工保密的基本要求以及客户资料信息安全防护的措施。通过概念描述、要点讲解，掌握信息保密的要求以及信息资料安全防护的方法。

模块内容

一、保密的概念

保密是一种社会行为，是人或社会组织为防止关系自身利益的事项或信息被他人知悉或公开而造成某种损害，对该事项或信息所实施的保护行为。在日常工作中，按照保密的利益主体不同，秘密可分为国家秘密和企业秘密两种。

国家秘密是指关系国家安全和利益，依照法定程序确定，在一定时间内只限定一定范围的人员知悉的事项。国家秘密的密级分为绝密、机密、秘密三级。

企业秘密包括商业秘密和工作秘密。商业秘密是指公司所有且不为公众所知悉、能为公司带来经济利益、具有实用性并经公司采取保密措施的经营信息和技术信息。按照重要程度以及泄密后会使公司的经济利益遭受损害的程度，确定为核心商业秘密和普通商业秘密。重要客户的信息为企业经营信息，属于商业秘密。工作秘密是指公司工作中不属于国家秘密和商业秘密，泄密后会给工作带来被动或损害的内部事项。工作秘密一般标识为“内部事项”或“内部资料”。客户资料关系到企业的权益，做好新形势下的保密工作，既是公司重要的政治任务，也是公司安全健康发展的迫切需要，更是每一名员工义不容辞的责任。为了加强企业秘密管理，防范客户信息泄露，须做好保密措施。

二、国家电网公司员工保密基本要求

1. 内外网计算机、办公设备以及安全移动存储设备管理

内外网计算机、办公设备以及安全移动存储设备管理内容包括：

（1）内外网计算机必须设置8位以上数字、字符、大小写字母（四选三）组合开机密码，必须安装防病毒、保密自动检测工具等安全防护软件。

（2）内网计算机可存储、处理企业秘密，不能存储、处理国家秘密；只能使用经过公司认证的安全移动存储介质；禁止连接无线鼠标、键盘、随身WiFi等无线设备以及手机、相机、普通移动存储介质。

（3）内网计算机、安全移动存储介质、具备数据存储功能的打印机、扫描仪、传真机、复印机、多功能一体机等设备，在送外维修、出售、赠送、丢弃之前，应送保密部门审核后处理。

（4）外网计算机严禁存储、处理任何涉密信息。

（5）禁止计算机、打印机、复印机、扫描仪、传真机、多功能一体机等设备在内外网交叉使用。

（6）安全移动存储介质的交换区和保密区均不得使用初始密码；涉及企业秘密内容及公司重要经营、管理信息和核心数据必须存储在保密区；安全移动存储介质不得传递涉及国家秘密信息。

2. 内外网邮箱、社会互联网、移动终端管理

内外网邮箱、社会互联网、移动终端管理内容包括：

（1）在公司办公环境内，应使用信息内网邮件系统发送邮件。可以通过信息内网邮件系

统发送的电子邮件，禁止通过信息外网邮件系统及互联网信箱发送邮件。

（2）严禁通过公司信息内网邮箱发送涉及国家秘密的文件资料。

（3）严禁通过公司信息外网邮箱发送涉及国家秘密、企业秘密以及公司重要工作内容、重要数据和敏感文件资料。

（4）严禁通过社会互联网邮箱、论坛、博客、即时通信工具（例如QQ、微信等）、微博、社交平台等媒体，发布、存储、发送涉及国家秘密和企业秘密的文件资料以及公司经营、管理、业务、技术有关的工作信息和数据。

（5）严禁使用移动终端（如手机、平板电脑等设备）存储、处理、发送国家秘密和企业秘密以及公司重要工作内容、重要数据、敏感信息，不得在移动通信终端（如手机、平板电脑等）通话中谈论涉密事项。

3. 文件资料管理

文件资料管理内容包括：

（1）外出参加会议带回的文件资料，应及时联系文件管理部门处理。

（2）公司文件资料应采用邮政挂号或邮政特快专递（EMS）方式寄送，严禁通过各类社会快递公司寄送。如涉密，应采用机要交换或邮政机要通道方式处理。

（3）对外提供文件资料应经本部门负责人保密审核。未经批准，不得擅自将公司文件、资料提供给第三方。

（4）需要销毁的文件资料应送保密部门统一处理，不得擅自处理变卖。

（5）离开办公位置或下班后，应妥善保管重要文件资料及安全移动存储介质。

（6）不得在私人通信及公开发表的文章、著作中涉及国家秘密、企业秘密以及公司重要工作内容、重要数据、敏感信息。

三、电力客户信息安全管理

1. 敏感信息操作要求

敏感信息操作要求包括：

（1）确有批量查询、导出业务需求的特定岗位人员（电费审核人员、用电检查人员、计量外勤人员、抄表人员、电费催费人员），根据业务角色和最小化原则，经上级单位审批后给予营销信息系统客户信息批量查询、导出权限，明确批量导出的客户范围和时限要求；其他操作人员一律屏蔽其批量操作权限。

（2）对营销信息系统批量查询功能，其批量查询的客户名称、用电地址、联系地址、联系电话等客户敏感信息以“*”覆盖其部分内容；操作人员如需查看详细信息，可以通过单户选择展开查询。

（3）对客户敏感数据的批量业务操作，需要在指定设备上进行操作，并对该设备的打印、拷贝、邮件、文档共享、通信工具等均需进行严格管控，防止数据泄露。

（4）对外提供营销客户数据访问时，需进行数据加密传输，并屏蔽客户名、用电地址、联系地址、联系电话等客户敏感信息。

（5）营销信息系统应提供审计功能，对敏感信息的各类访问和操作行为应进行审计，审计记录至少保存6个月以上。

2. 身份验证管理要求

身份验证管理要求包括：

（1）95598座席人员受理业务时需进行客户身份识别，通过开放式问题，向客户核实户名、户号、表号、用电地址等客户档案信息。当核实通过时，正常受理密码初始化、电费查询、客户档案信息查询等相关业务；核实不通过时，通过规范话语引导客户到实体营业厅进行身份信息核实。

（2）涉及客户通话详单、政企客户详细资料等客户敏感信息的查询，有关业务人员只能在响应客户请求时，并且客户自身按照正常流程通过身份鉴权的情况下，协助客户查询；禁止业务人员擅自进行查询。

（3）有关业务人员，因投诉处理、营销策划、经营分析等工作需要查询和提取客户敏感信息的，应执行明确的操作审批流程，定期进行事后稽核与审查。

（4）按照"谁使用，谁负责"的原则，细化内部权限分配管理，落实到具体责任人，做到操作过程全记录，操作日志可追溯，杜绝客户敏感信息泄露。

3. 重要客户信息管理

重要客户信息管理内容包括：

（1）细化部队、重要政府机关等重要客户范围，制定满足不同信息安全保密等级客户的信息安全管理办法，明确业务办理岗位设置、内部查询权限、信息查询等方面的系统管理和工作要求，对非关键岗位业务人员禁止授权进行重要客户信息查询和业务操作。

（2）禁止通过95598网站办理重要客户查询、交费等办电业务，有关业务只能在实体营业厅或大客户经理通过"掌上电力"手机APP（企业版）一对一服务办理。

4. 技术措施

技术措施包括：

（1）营销信息系统安全防护技术措施参照《国家电网公司网络与信息系统安全管理办法》。

（2）营销工控系统安全防护技术措施参照《电力监控系统安全防护规定》（国家发改委〔2014〕第14号令）、《电力监控系统安全防护总体方案》（国能安全〔2015〕36号）等相关文件执行。

（3）外网营销信息系统的重点安全防护要求如下：

1）充电桩应使用专用SIM卡通过运营商无线VPN专网接入，通过AAA服务器完成网络层接入认证，通过运营商与电动汽车公司专线接入车联网服务平台；充电桩与车联网平台之间的交易数据通过ESAM模块和密码机实现硬件加密传输。

2）对外提供营销类服务，需进行身份校验，通过开放式问题，向外网客户核实户名、户号、表号、用电地址、身份证号码、户主联系电话、客户交费等客户档案信息，符合2、3项，身份认证通过；认证不通过的，引导客户在供电营业厅柜面办理核实；具备条件的可以通过银行、公安部相关系统进行实名认证。

思考与练习

（1）秘密的分类有哪些？

（2）公司对内外网邮箱、社会互联网、移动终端管理有哪些保密要求？

（3）电力客户信息安全管理对于敏感信息操作有哪些要求？

第4章

用电业务咨询

模块1　业扩报装咨询（ZHGY04001）

模块描述

本模块主要介绍业扩报装的定义以及客户办理相关业务需要提供的资料。通过定义描述、分类介绍，掌握业扩报装的基本概念。

模块内容

一、业扩报装的定义

业扩报装（即业扩或业务扩充），是电力企业营业工作中的习惯用语，即为新装和增容客户办理各种必需的登记手续和一些业务手续。业扩报装是供电企业电力供应和销售的受理环节，是电力营销工作的开始。

二、业扩报装的主要内容

业扩报装的主要内容如下：

（1）受理客户新装、增容和增设电源的用电业务申请。

（2）根据客户和电网的情况（通过现场查勘），制订供电方案。

（3）组织因业扩报装引起的供电设施新建、扩建工程的设计、施工、验收、启动。

（4）对客户内部受电工程进行设计审查、中间检查和竣工验收。

（5）签订供用电合同。

（6）装表接电。

（7）汇集整理有关资料并建档立户。

三、办理业扩报装的准备材料

（一）低压业扩报装

低压业扩报装范围是指用电电压等级在1kV以下的客户新装或增容工作，低压业扩工作涉及面广，工作量较大，流程的具体运转是由供电营业厅“一口对外”完成的。

1. 居民客户新装、增容需要提供的申请材料

居民客户新装需要提供的申请材料包括房产证明材料（房产证、建房许可证、房管公房租赁证、房屋居住权证明、宅基地证明等）、房屋产权人身份证明（身份证、军官证、护照等有效证件）、经办人身份证明。

居民增容需要提供的申请材料包括居民客户新装需要提供的所有申请材料以及该户电费交费卡或近期电费发票。

2. 低压非居民客户新装、增容需要提供的申请材料

低压非居民客户新装需要提供的申请材料包括房产证明材料（房产证、建房许可证、房管公房租赁证、房屋居住权证明、宅基地证明等）、房屋产权人身份证明（身份证、军官证、护照等有效证件）、用电人主体资格证明材料（如营业执照或事业单位登记证、组织机构代码证、税务登记证、社团登记证等）、单位客户法人代表（负责人）身份证明、法人代表（负责人）开具的委托书及被委托人身份证明、负荷组成和用电设备清单（含空调清单）。

低压非居民客户增容需要提供的申请材料包括低压非居民客户新装需要提供的所有申请材料以及该户电费交费卡或近期电费发票。

（二）高压业扩报装

高压客户新装需要提供的申请材料包括用电申请报告、房产证或房屋租赁合同、用电设备清单、营业执照或组织机构代码证、法人代表身份证、规划平面图、政府立项批复文件及规划选址意见书、采矿等特种生产企业，须提供政府合法的许可证照。

增容客户还应提原装容量的有关资料客户受电装置的一、二次接线图。继电保护方式和过电压保护、配电网络布置图、自备电源及接线方式、供用电合同书。

根据国家电网公司关于印发《进一步精简业扩手续、提高办电效率的工作意见》的通知国家电网营销〔2015〕70号文件精神，营业厅实行"一证受理"。

思考与练习

（1）什么是业扩报装？业扩报装的主要内容有哪些？
（2）客户申请低压用电新装时需提供哪些资料？
（3）客户申请高压用电新装时需提供哪些资料？

模块2 变更用电咨询（ZHGY04002）

模块描述

本模块主要介绍变更用电业务的概念、内容和注意事项。通过概念描述、分类介绍，掌握变更用电的基本类型。

模块内容

变更用电是供电所日常性工作，具有项目多、范围广、服务性强及政策性强的特点。它的主要对象是已用电的各类正式用电客户。

一、变更用电

变更用电业务指客户在不增加用电容量和供电回路的情况下，由于自身经营、生产、

建设、生活等变化而向供电企业申请，要求改变原“供用电合同”中约定的用电事宜的业务。

二、变更用电的主要内容

变更用电的主要内容包括：

（1）减少合同约定的用电容量（简称减容）。

（2）暂时停止全部或部分受电设备的用电（简称暂停）。

（3）临时更换大容量变压器（简称暂换）。

（4）迁移受电装置用电地址（简称迁址）。

（5）移动受电计量装置安装位置（简称移表）。

（6）暂时停止用电并拆表（简称暂拆）。

（7）改变客户的名称（简称更名或过户）。

（8）一户分列为两户及以上的客户（简称分户）。

（9）两户及以上客户合并为一户（简称并户）。

（10）合同到期终止用电（简称销户）。

（11）改变供电电压等级（简称改压）。

（12）改变用电类别（简称改类）。

三、变更用电的注意事项

变更用电的注意事项包括：

（1）客户需要变更用电时，应事先提出申请，并携带有关证明文件及原件供用电合同，到供电所营业厅办理手续，变更供用电合同。

（2）凡不办理手续私自变更的，属于违约行为，应按照违约用电有关规定处理。

（3）供电企业不受理临时用电客户的变更用电事宜，临时用电客户不在办理变更用电的范围。

（4）从破产客户分离出去的新客户，必须在偿清原破产客户的电费和其他债务后，方可办理用电手续，否则，供电企业可按违约用电处理。

思考与练习

（1）变更用电的主要内容有哪些？

（2）变更用电的注意事项有哪些？

模块3　日常用电咨询（ZHGY04003）

模块描述

本模块主要介绍日常用电咨询中常见的异常现象及其处理方法。通过分类介绍、概念描述，了解异常现象初步判断和基本处理方法。

模块内容

客户在供电所营业厅咨询的用电异常情况主要有电费异常、表计异常、安全用电、停复电需求、故障报修。

一、客户反应电费异常的处理方法

客户反应电费异常的处理方法包括：

（1）确定客户用电性质。查询客户的用电类别、电价、电压等级、容量、行业类别等信息，确定客户的用电性质为居民用电，还是商业或其他用电。如果客户为商业用电，则其电量变化可能与经济发展、生产状况、营业时间等有关系。

（2）分析电量电费情况。查询客户的用电情况，往期用电量是否平稳，客户反映年月的同比、环比电量是否确有明显增加，是否启用分时，是否有表计轮换等情况。也可以通过用电信息采集系统查阅客户历史日用电量情况进行分析。

1）如果客户电费异常月份之前的用电量较少或无用电，可询问客户的用电习惯是否有变更，如是否为购买房屋只装修未入住；是否有将房屋出租等情况。

2）如果客户电费异常月份为夏季或冬季，可询问客户空调、地暖等制冷、制热设备的使用情况，可能是导致家庭用电量增加的原因。

3）如果客户电费异常月份适逢春节、元宵节等节假日，可询问客户是否因家庭人员增多、用电时间变长等原因导致电量增加。

4）可询问客户家庭用电习惯是否发生变化，如增加了空调、热水器、地暖等大功率设备，高峰时段用电时间变长等因素，导致电量的增加。

5）可引导客户自行检查是否有内部线路漏电等情况，导致电量增加。

（3）分析抄表核算情况：查询客户的抄表周期，期间是否有计量装置换表，抄表示数是否有异常，是否有计量装置故障流程，是否有退补电量、电费等情况。

1）公司对居民客户实行每两个月抄一次表，抄表例日相对固定。如果客户抄表周期大于两个月，需向客户说明实际的抄表天数，并核实及解释抄表时间变化的原因，如节假日、闭门等原因。

2）如果客户有计量装置换装的情况，应核实及解释因计量装置的装拆导致抄表周期变长，客户用电量增加。

3）如果客户有抄表示数异常报办流程或有计量装置故障流程，应向客户解释已发现抄表及计量装置的问题，正开展相关电量退补、计量装置检验及拆换工作。

4）分析电费交纳情况。查询客户电费交纳记录，是否有往月、往年欠费，违约金及暂存款等情况。

如果客户反映本月交纳电费较多，可核实客户应交纳电费是否为多个月的电费，是否有违约金、是否有暂存款未冲抵等情况，导致电费交纳增多。

二、客户反映电能表异常的处理方法

客户反映电能表异常的处理方法包括：

（1）综合柜员应指导客户简单判断电能表计量是否正常。

1）首先请居民断开表后开关（或断开所有家里用电设备，拔掉电源），观察电能表脉冲指示灯是否闪烁（5min 左右），若灯还在闪烁，则表明电能表可能有故障。

2）若灯不闪烁，合上表后开关，记录电能表示数，单独开启一个功率较大的用电设备，断开其他所有用电设备，半小时后断开该用电设备，记录电能表总电量示数，将两个电量示数相减，得到该设备在半小时内的用电量，与该设备计算用电量进行比较。如果误差较大，初步判断表计可能出现故障或客户内部线路存在漏电现象。

（2）农村客户反映电能表多计电量，综合柜员应按照以下几个步骤处理。

1）首先对客户系统内的以往用电情况与故障阶段进行比对核实，进行初步判断。

2）请台区经理到达现场后根据客户实际设备使用情况和时间进行估算（同时考虑夏、冬等季节性用电），向客户解释为何会有大电量产生，努力消除客户疑问。如果抄见电量与以往电量差距巨大，可建议客户申请验表；如果客户对供电企业验表结果存在疑问，可建议客户到当地技术监督局验表，然后根据法定的检验结果进行处理；如果确实发现电能表计异常，则根据相关规定退补电量。

三、客户咨询用电安全的处理方法

客户在供电所营业厅常见的用电安全咨询主要有违约用电和窃电。综合柜员需要对违约用电和窃电的现象和处理规定掌握，具体内容同第 1 章用电营业管理中的“模块 6　违约用电和窃电处理”。

四、停复电需求

1. 停电需求

在发供电系统正常情况下，供电企业应连续向客户供应电力。但是，有下列情形之一的，须经批准方可中止供电：

（1）对危害供用电安全，扰乱供用电秩序，拒绝检查者；

（2）拖欠电费经通知催交仍不交者；

（3）受电装置经检验不合格，在指定期间未改善者；

（4）客户注入电网的谐波电流超过标准，以及冲击负荷、非对称负荷等对电能质量产生干扰与妨碍，在规定期限内不采取措施者；

（5）拒不在限期内拆除私增用电容量者；

（6）拒不在限期内交付违约用电引起的费用者；

（7）违反安全用电、计划用电有关规定，拒不改正者；

（8）私自向外转供电力者。

有下列情形之一的，不经批准即可中止供电，但事后应报告本单位负责人：

（1）不可抗拒力和紧急避险；

（2）确有窃电行为。

除因故中止供电外，供电企业需对客户停止供电时，应按下列程序办理停电手续：

（1）应将停电的客户、原因、时间报本单位负责人批准。批准权限和程序由省电网经营企业制定；

（2）在停电前 3～7 天内，将停电通知书送达客户，对重要客户的停电，应将停电通知书报送同级电力管理部门；

（3）在停电前30min，将停电时间再通知客户一次，方可在通知规定时间实施停电。

因故需要中止供电时，供电企业应按下列要求事先通知客户或进行公告：

（1）因供电设施计划检修需要停电时，应提前7天通知客户或进行公告；

（2）因供电设施临时检修需要停电时，应当提前24h通知重要客户或进行公告；

（3）发供电系统发生故障需要停电、限电或者计划限、停电时，供电企业应按确定的限电序位进行停电或限电。但限电序位应事前公告客户。

2. 复电

复电需求处理办法包括：

（1）引起停电或限电的原因消除后，供电企业应在3天内恢复供电。不能在3天内恢复供电的，供电企业应向客户说明原因。

（2）对于已停电居民客户，确认客户欠费结清，留下客户准确的联系方式，告知复电时限，如果客户明确表示无需复电，请客户自行断开表下空开。

五、居民报修故障常见原因

居民报修故障常见原因包括：

（1）平房客户一户无电。故障原因：客户内部故障导致熔丝烧断或空气开关跳闸，接户线故障、表脱线或表烧等故障。

（2）平房客户几户无电。故障原因：接户线或进户管线连接处故障。

（3）平房客户一片无电。故障原因：变压器低压负荷开关跳闸、低压线路断线或配电变压器故障。

（4）楼房单元内一户无电。故障原因：表脱线、表烧、端子排进线、空气开关或熔丝故障。

（5）楼房整个单元无电。故障原因：接、进户线断线；端子排进线总端子烧坏；低压电缆分支箱内开关跳闸；高压或低压缺相。

（6）楼房部分单元（两个及以上）无电。故障原因：低压电缆分支箱内开关跳闸；高压或低压缺相。

（7）相邻几栋楼或部分街区停电。故障原因：

1）户外配电变压器供电。变压器低压负荷开关跳闸；跌落式高压熔断器熔断或配电变压器本体故障；低压线、低压电缆或低压设备故障。

2）小区配电房供电。低压出线开关跳闸或电缆故障。

思考与练习

（1）日常咨询中常见的用电异常情况有哪些？

（2）客户反应电费异常的应如何处理？

（3）如何指导客户简单判断电能表是否正常？

第5章

业 扩 报 装

模块1 低压居民新装、增容（ZHGY05001）

模块描述

本模块主要介绍低压居民新装、增容的业扩流程、收资要求、承诺时限、合同签订等内容。通过概念描述、流程介绍、要点归纳，掌握低压居民新装、增容的办理步骤和要求。

模块内容

一、低压零星居民新装、增容

低压零星居民新装、增容适用于电压等级为220/380V低压居民客户的用电。

低压零星居民新装、增容工作流程为：业务受理→组织现场勘查、制订并答复供电方案→交纳业务费用→签订供用电合同→装表接电→归档→客户回访。

1. 业务受理

业务受理指接受并审查客户资料，主要工作内容包括：

（1）客户利用掌上电力客户端办理用电申请后，综合柜员在营销系统内对生成的工作单转入后续流程处理。

（2）再次查验客户材料是否齐全，现场打印电子申请单，并请客户签字。

（3）做好实名制认证，确认客户信息联系人和联系方式。

客户所需资料：房产证明、房屋产权人身份证明、经办人身份证明。

2. 业务费用说明

（1）对单相8kW零散居民新装、增容用电报装，由供电公司投资外部配套电源线路，建设范围由电源点至居民电能表（含计量箱和电能表及表后第一出线开关），开关出线及后续部分由居民用户自行实施。

（2）对高于单相8kW或三相零散居民新装、增容用电报装，由用户自行采购物资、自行委托具备相应资质施工单位实施建设，供电公司验收合格后装表接电，电能表及互感器（如需要）由供电公司免费提供。

3. 业务办理的期限

(1) 报装容量单相 8kW 的零散居民用户，一次临柜受理申请或通过线上受理申请后，供电公司将在下一个工作日或在用户预约服务时间上门完成工程实施、装表接电及供用电合同签订。

(2) 报装容量高于单相 8kW 或三相用电的零散居民用户，在受理申请后 1 个工作日内答复供电方案，受理竣工报验后 1 个工作日内组织竣工验收，验收通过当日装表接电。

如经勘查，现场不具备装表接电条件，将另行与客户协商约定接电时间。

4. 签订供用电合同

详见第 1 章用电营业管理"模块 4　日常营业中的服务工作"的合同要求。

5. 装表接电

对单相 8kW 具备直接装表条件的零散居民新装、增容用电，在受理用电申请后的下一个工作日完成装表接电。

现场勘查，不具备直接装表条件的，应根据与客户约定的时间或配套电网工程竣工当日完成采集终端、电能计量装置的安装。

6. 归档

详见第 1 章用电营业管理"模块 4　日常营业中的服务工作"的归档要求。

7. 客户回访

详见第 1 章用电营业管理"模块 4　日常营业中的服务工作"的回访要求。

二、低压批量新装

低压批量新装适用于居民住宅小区或居民住宅楼、成批的商铺等整体申请的低压部分用电新装，包括一户一表改造。可以根据规则批量产生客户的名称、地址、计量计费方案信息，减少录入工作量。

低压批量新装工作流程同低压居民新装、增容的工作流程。

思考与练习

(1) 低压零星居民新装、增容的业务受理主要工作内容包括哪些？

(2) 请说明低压居民新装、增容业务的办理期限。

(3) 低压批量新装业务的适用范围是什么？

模块 2　低压非居民新装、增容（ZHGY05002）

模块描述

本模块主要介绍低压非居民新装、增容的业扩流程、收资要求、承诺时限、合同签订等内容。通过概念描述、要点归纳，掌握低压非居民业扩报装的主要内容。

模块内容

低压非居民客户采用低压供电方式，即以 0.4kV 及以下电压实施供电。

单相低压供电方式主要适用于单相小动力，单相低压供电方式的最大容量应以不引起供电质量偏差为准则。当造成的影响超过标准时，需改用三相低压供电方式。

三相低压供电方式主要适用于三相小容量客户。《供电营业规则》规定，客户用电容量在 100kW 及以下或需要变压器容量在 50kVA 及以下的，可采用低压三相四线制供电。

低压非居民新装、增容工作流程同低压居民新装、增容的工作流程。

一、业务受理

业务受理指接受并审查客户资料，业务受理的主要工作内容同低压居民新装、增容的业务受理内容。

个人客户所需资料：房产证明、房屋产权人身份证明、经办人身份证明及授权委托书。

单位客户所需资料：用电人主体资格证明材料（营业执照、组织机构代码证、法人证书等）、法人代表（负责人）身份证明或法人代表（负责人）开具的委托书及被委托人身份证明、房产证明（如用电人租赁房屋，需提供房屋租赁合同及房屋产权人授权用电人办理用电业务的书面证明）、负荷组成和用电设备清单。

二、业务办理的期限

业务办理的期限应符合下列规定：

（1）受理申请后 2 个工作日内联系客户，并到现场勘查；供电方案答复不超过 5 个工作日。

（2）对客户受电工程启动竣工检验的期限不超过 3 个工作日。

（3）受电装置检验合格并办结相关手续后，装表接电不超过 5 个工作日。

三、业扩接入产生的工程费用

业扩接入产生的工程费用，按国家、省、市有关职能部门核定的电力行业定额及标准收取。

四、签订供用电合同

详见第 1 章用电营业管理“模块 4　日常营业中的服务工作”的合同要求。

五、装表接电

详见第 5 章业扩报装“模块 1　低压居民新装、增容”的装表接电的要求。

六、归档

详见第 1 章用电营业管理“模块 4　日常营业中的服务工作”的归档要求。

七、客户回访

详见第 1 章用电营业管理“模块 4　日常营业中的服务工作”的回访要求。

思考与练习

（1）个人客户申请办理低压非居民新装业务需提供哪些资料？

（2）单位客户申请办理低压非居民新装业务需提供哪些资料？

（3）请说明低压非居民新装、增容业务的办理期限。

模块3　低压装表临时用电新装（ZHGY05003）

模块描述

本模块主要介绍1kV以下装表临时用电新装的业扩流程、收资要求、承诺时限、合同签订等内容。通过概念描述、流程介绍、要点归纳，掌握低压装表临时用电业扩报装的相关规定。

模块内容

对基建工地、农田水利、市政建设、抢险救灾等非永久性用电，由供电企业供给临时电源的称为临时用电。个人客户所需资料：房产证明材料（含建房许可证明）、产权人身份证明、经办人身份证明。单位客户所需资料：用电人主体资格证明材料（营业执照、组织机构代码证、法人证书等）、法人身份证明或法人代表开具的委托书及被委托人身份证明、负荷组成和用电设备清单。

一、临时用电的办理规定

（1）临时用电期限除经供电企业准许外，一般不得超过6个月，客户申请临时用电时，必须明确提出使用日期。在批准的期限内，使用结束后应立即拆表销户，并结算电费。如有特殊情况需延长用电期限者，客户应在期满前1个月内向供电企业提出延长期限的书面申请，经批准后方可继续使用。自期满之日起，对其照明用电改按照明电价计收电费，按定比、定量据实合理分算照明用电量。逾期办理延期或永久性正式用电手续的，供电企业应终止其供电。

（2）临时用电应按照国家规定的电价分类，装设计费电能表收取电费。临时用电客户未装用电计量装置的，供电企业应根据其用电容量，按双方约定的每月使用时数和使用期限预收全部电费。用电终止时，如实际使用时间不足约定期限1/2的，可退还预收电费的1/2；超过约定期限1/2的，预收电费不退。

（3）临时用电不得申请减容、暂停、迁移用电地址、过户、改变用电性质等变更用电事宜。

（4）临时用电不得将电源自行转供或转让给第三者，否则按违约用电处理。

（5）临时用电工程结束后，如需改为正式用电的，应按新装用电办理。

二、装表临时用电工作流程

装表临时用电工作流程同低压居民新装、增容的工作流程。

三、临时用电业务办理期限

临时用电业务办理期限要求如下：

（1）受理申请后 2 个工作日内联系客户，并到现场勘查；供电方案答复不超过 5 个工作日。

（2）对客户受电工程启动竣工检验的期限不超过 3 个工作日。

（3）受电装置检验合格并办结相关手续后，装表接电不超过 5 个工作日。

四、收费标准

根据双方约定收取临时接电费，客户在约定期限内拆除临时用电设施的，全额退还临时接电费；超过约定期限的，按合约约定扣除临时接电费，预交费用抵扣完为止。

五、签订供用电合同

详见第 1 章用电营业管理“模块 4　日常营业中的服务工作”的合同要求。

六、装表接电

详见第 5 章业扩报装“模块 1　低压居民新装、增容”的装表接电的要求。

七、归档

详见第 1 章用电营业管理“模块 4　日常营业中的服务工作”的归档要求。

八、客户回访

详见第 1 章用电营业管理“模块 4　日常营业中的服务工作”的回访要求。

思考与练习

（1）哪些用电、供电企业可以供给临时电源？

（2）办理临时用电业务有哪些规定？

（3）请说明临时用电业务办理的期限。

模块 4　高压客户新装、增容（ZHGY05004）

模块描述

本模块主要介绍高压客户新装、增容的业扩流程、承诺时限等内容。通过流程介绍、要点归纳，了解高压客户新装、增容业扩报装的基本流程和承诺时限。

模块内容

高压客户的业务办理权限在供电公司市区营业厅，客户到供电所营业厅办理时，综合柜员应当引导客户用掌上电力进行办电申请，同时有义务将承诺时限告知客户，并将业务传递给市区营业厅。

一、高压客户新装、增容工作流程

高压客户新装、增容工作流程如图 5-4-1 所示。

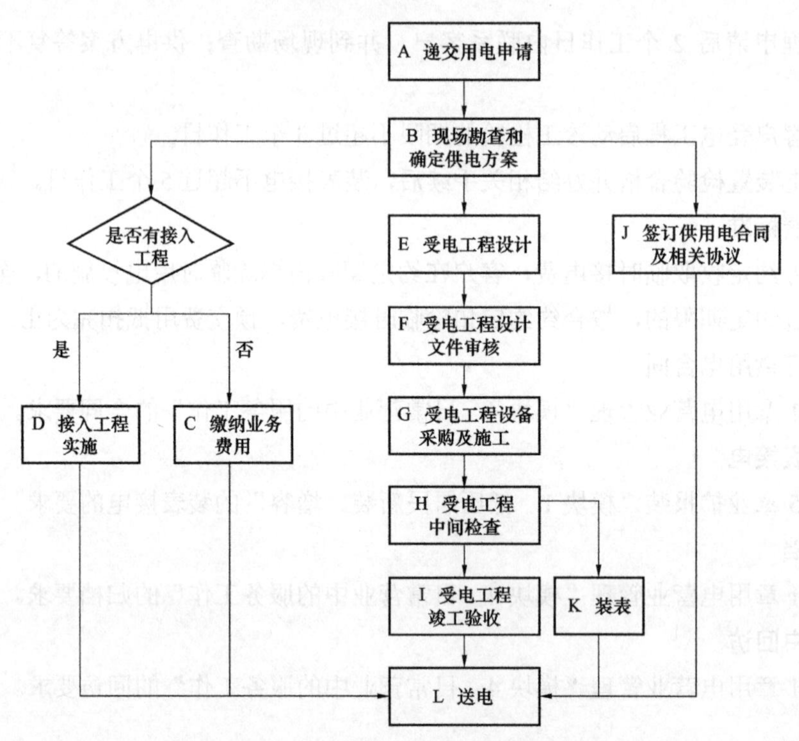

图 5–4–1 高压客户新装、增容工作流程

二、申请所需资料

申请所需的资料包括：

（1）用电人主体资格证明材料（营业执照、组织机构代码证、法人证书等）；

（2）法人身份证明或法人代表开具的委托书及被委托人身份证明；

（3）如用电人租赁房屋，需提供房屋租赁合同及房屋产权人授权用电人办理用电业务的书面证明；

（4）政府投资主管部门批复文件；

（5）土地和房产证明材料；

（6）用电项目近、远期规划，负荷组成、性质及保安负荷；

（7）如客户对供电质量有特殊要求或者客户的用电设备中有非线性负荷设备（如电弧炉、轧钢、地铁、电气化铁路、单台 4000kVA 及以上大容量整流设备），需在办理用电申请时进行说明并提交相关负荷清单。

三、业务办理的期限

业务办理的期限应符合下列规定：

（1）受理申请后 2 个工作日内与客户联系，并到现场勘察；

（2）高压单电源客户供电方案答复不超过 15 个工作日，高压双电源客户供电方案答复不超过 30 个工作日；

（3）客户受电工程设计文件和有关资料审核的期限不超过 20 个工作日；

（4）客户受电工程启动中间检查的期限不超过 3 个工作日；

（5）对客户受电工程启动竣工检验的期限不超过 5 个工作日；

（6）受电装置检验合格并办结相关手续之日起，装表接电不超过 5 个工作日。

四、注意事项

办理高压客户新装、增容的注意事项包括：

（1）高压客户增容用电业务，除了在办理用电申请时还需提供近期电费发票外，其他流程环节、服务方式、服务时限、收费标准等均同高压新装用电业务。

（2）如客户申请 110kV 及以上电压等级供电，还需自行委托具有相应资质的设计单位开展接入系统方案设计及电能质量评估等工作，届时供电企业将为客户提供免费指导。

（3）取消 10（20）kV 普通单电源业扩项目的受电工程设计审查和中间检查环节，实行设计单位资质、施工图纸与竣工资料合并报验。

思考与练习

（1）客户申请办理高压客户新装业务需提供哪些资料？

（2）请说明高压客户新装业务的供电方案答复期限。

（3）办理高压客户新装、增容业务有哪些注意事项？

第6章

变 更 用 电

模块1 移表、迁址（ZHGY06001）

模块描述

本模块主要介绍移表和迁址业务的注意事项。通过概念描述、要点归纳，掌握移表和迁址的工作内容以及二者之间的区别。

模块内容

一、移表

客户移表（因修缮房屋或其他原因需要移动用电计量装置安装位置）须向供电企业提出申请。供电企业应按下列规定办理：

（1）在用电地址、用电容量、用电类别、供电点等不变情况下，可办理移表手续；

（2）移表所需的费用由客户承担；

（3）客户无论何种原因，不得自行移动表位。否则，属于居民客户的，应承担每次500元的违约使用电费；属于其他客户的应承担每次5000元的违约使用电费（供电营业规则第一百条第5项）。

二、迁址

客户迁址须在五天前向供电企业提出申请。供电企业应按下列规定办理：

（1）原址按终止用电办理，供电企业予以销户。新址用电优先受理。

（2）迁移后的新址不在原供电点供电的，新址用电按新装用电办理。

（3）迁移后的新址在原供电点供电的，且新址用电容量不超过原址容量，新址用电引起的工程费用由客户负担。

（4）迁移后的新址仍在原供电点，但新址用电容量超过原址用电容量的，超过部分按增容办理。

（5）私自迁移用电地址而用电者，属于居民客户的，应承担每次500元的违约使用电费；属于其他客户的应承担每次5000元的违约使用电费（供电营业规则第一百条第5项）。自迁新址不论是否引起供电点变动，一律按新装用电办理。

三、移表和迁址的区别

在用电地址、用电容量、用电类别、供电点等不变情况下，可办理移表手续。用电地址发生变化，电力设施迁移到新址用电的，按迁址办理；其中，供电点发生变化，新址按照新装用电办理。

思考与练习

（1）办理移表业务有哪些规定？

（2）办理迁址业务有哪些规定？

（3）移表业务和迁址业务有什么区别？

模块2 暂拆、销户（ZHGY06002）

模块描述

本模块主要介绍暂拆和销户业务的业务流程、收资要求和注意事项。通过概念描述、要点归纳，掌握暂拆和销户业务的规定以及二者之间的区别。

模块内容

一、暂拆

用电人因房屋修缮等原因需要暂时停止用电并拆表的，应持有关房屋修缮的证明向供电企业提出申请。

1. 业务办理流程

业务受理→现场勘查→拆除计量→结清电费→归档。

2. 申请所需资料

个人客户申请所需资料包括：房屋产权证原件和复印件（房产证内含有房产平面图）、或可提供房产买卖契约（含全额付清的购房发票）、建房许可证，或至政府主管房屋建设的单位（如住建、规划、建设、城管、村镇建设等部门）确认为用电地址的建筑“非违章建筑”、电费交费卡，或可提供近期电费发票或电能表表号。

单位客户申请所需资料包括：房屋产权证原件和复印件（房产证内含有房产平面图），或可提供房产买卖契约（含全额付清的购房发票）、建房许可证，或至政府主管房屋建设的单位（如住建、规划、建设、城管、村镇建设等部门）确认为用电地址的建筑“非违章建筑”、客户用电主体资格证明原件和复印件、提供经办人身份证原件和复印件、电费交费卡，或可提供近期电费发票或电能表表号。

3. 注意事项

暂拆的注意事项包括：

（1）客户办理暂拆手续后，供电企业应在5天内执行暂拆。

（2）暂拆时间最长不得超过6个月。暂拆期间，供电企业保留该客户原容量的使用权。

（3）暂拆原因消除，客户要求复装接电时，须向供电企业办理复装接电手续并按规定交付费用。上述手续完成后，供电企业应在五天内为该客户复装接电。

（4）超过暂拆规定时间要求复装接电者，按新装手续办理。

二、销户

客户销户须向供电企业提出申请。

1. 业务办理流程

业务受理→现场勘查→拆除计量→结清电费→归档。

2. 申请所需资料

个人房屋产权客户申请所需资料包括：① 房屋产权证原件和复印件（房产证内含有房产平面图），或可提供建房许可证原件和复印件、房管公房租赁证原件和复印件、房产买卖契约原件和复印件（含全额付清的购房发票）等，拆迁户提供拆迁协议或政府拆迁主管单位出具的书面材料；② 产权人身份证明原件和复印件；③ 电费交费卡，或可提供电费发票或电能表表号；④ 个人客户办理销户时，需客户本人亲自办理。如确因客户本人无法前来办理的，可委托他人办理。办理时必须提供被委托人身份证原件及客户本人的书面委托证明。

单位房屋产权客户申请所需资料包括：① 房屋产权证原件和复印件（房产证内含有房产平面图），拆迁户提供拆迁协议或政府拆迁主管单位出具的书面材料；② 提供经办人身份证原件和复印件；③ 电费交费卡，或可提供电费发票或电能表表号。

批量申请（由拆迁办或单位统一申请）所需资料包括：① 拆迁许可证原件和复印件；② 经办人身份证原件和复印件；③ 拆表清单。

说明：① 对于房屋纠纷的销户申请，终止受理；② 单位房屋产权客户申请销户需在申请单上加盖与系统户名一致的单位公章；③ 批量申请销户需在销户申请表上需加盖公章；④ 拆表清单含总户号、地址、表号，要求准确并一一对应；⑤ 房产证内含有房产平面图、土地使用证内含有土地宗地图，因各区县政府部门提供的房产证内的房产平面图及土地使用证内的土地宗地图名称不统一，请以客户实际证件名称为准。

3. 注意事项

销户的注意事项包括：

（1）客户应在销户前与供电企业结清电费（含电费违约金）和其他业务费用。

（2）如果因客户原因使供电企业未能实施拆表销户，销户业务暂缓实施，待现场具备条件可实施后再行销户。

（3）供电企业根据申请办理拆表销户，由此引发的纠纷由销户申请人承担。

（4）如果现场计量装置等供电设施失窃或损坏，需交清赔表费等相应费用后办理销户。

（5）业务办理以营销系统流程为准，因涉及客户电费是否结清，只有客户在电费结清的情况下才能予以办理。

（6）临时用电客户销户后，客户在约定期限内拆除临时用电设施的，全额退还临时接电费；超过约定期限的，按合同约定扣除临时接电费，预交费用抵扣完为止。

三、暂拆和销户的区别

在暂拆规定的时间（最长不得超过 6 个月）内，供电企业保留客户原容量使用权限，在办理相关手续后可以复装接电。超过规定时间要求复装接电，必须按照新装手续办理。客户申请销户，相关手续办理完成后，立即解除供用电关系。

思考与练习

（1）办理暂拆业务时有哪些注意事项？
（2）客户申请办理销户业务需提供哪些资料？
（3）办理销户业务时有哪些注意事项？

模块3 更名、过户（ZHGY06003）

模块描述

本模块主要介绍更名和过户业务的业务流程、收资要求和注意事项。通过概念描述、要点归纳，掌握更名和过户业务的规定以及二者之间的区别。

模块内容

一、更名

在用电地址、用电容量、用电类别不变条件下，客户方可办理更名业务。

1. 业务办理流程

业务受理→合同签订→归档。

2. 申请所需资料

居民客户申请所需的资料包括：户籍注册姓名变更的记录（例如产权人已过世，公安部门出具的产权人过世的死亡证明；经居委会或村委会鉴证的家属同意户名变更到申请人的书面材料）、新客户和原客户的身份证明、电费交费卡，或可提供近期电费发票或电表号。

非居民客户申请所需的资料包括：户名变更的证明材料（如物业托管协议等）、电费交费卡，或可提供近期电费发票或电表号、提供工商部门出具的变更单位名称核准证明和用电主体资格证明材料。

3. 注意事项

更名的注意事项包括：

（1）在用电地址、用电容量、用电类别不变条件下，客户方可办理更名；

（2）更名一般只针对同一法人及自然人的名称的变更，只需要用电人与供电人双方确认即可。

二、过户

1. 业务办理流程

业务受理→变更合同→归档。

2. 申请所需资料

居民客户申请所需资料包括：房屋产权证原件和复印件或房产买卖契约（含全额付清的

购房发票）、建房许可证，或至政府主管房屋建设的单位（如住建、规划、建设、城管、村镇建设等部门）确认为用电地址的建筑“非违章建筑”；产权人及经办人身份证原件和复印件或可提供公房租赁人身份证、军官证、护照等有效身份证明、电费交费卡，或可提供近期电费发票或电能表表号。

说明：① 如果不是户主本人亲自来办理业务，还需要提供经办人身份证和户主本人出具的委托书；② 如果原户主已经过世无法提供原户主身份证件的，可提供原户主死亡证明或户籍注销证明，其他原因无法提供原户主身份证件的，需填写相关承诺书；③ 如果客户不申请进行年度阶梯电价清算，需要填写相关承诺书。非居民客户申请所需资料包括：房屋产权证明，如果无法提供房屋产权证时，可提供房产买卖契约（含全额付清的购房发票）、建房许可证，或至政府主管房屋建设的单位（如住建、规划、建设、城管、村镇建设等部门）确认为用电地址的建筑“非违章建筑”；房屋产权人证明材料：如果是自然人，提供身份证明；如果是单位，提供主体资格证明材料（营业执照组织、机构代码证、社团登记证等）和法人身份证明；租赁户另需提供租赁合同及承租人、出租人使用电力责任担保书（租赁房屋项目）。④ 产权变更的证明材料（如配电设施资产转换的相关证明材料、法院的协助执行通知书等）。⑤ 经办人身份证明。

3. 注意事项

过户的注意事项包括：

（1）在用电地址、用电容量、用电类别不变条件下，客户方可办理过户；

（2）过户是供用电合同主体发生实质变化，需供电方、原用电方、新用电方三者达成一致方可，原客户应与供电企业结清债务；

（3）居民客户如为预付费客户，应与客户协商处理预付费余额；

（4）涉及电价优惠的客户（如居民阶梯电价基数优惠、低保、五保户免费用电量等），过户后需重新认定；

（5）原客户为增值税客户的，过户时必须办理增值税信息变更业务；

（6）客户同一自然人或同一法人主体的其他用电地址的电费交费情况正常，若有欠费则应给予提示。

三、更名和过户的区别

更名和过户的区别有：

（1）更名一般只针对同一法人及自然人的名称的变更，只需要用电人与供电人双方确认即可。

（2）过户是供用电合同主体发生实质变化，需供电方、原用电方、新用电方三者达成一致方可，原客户应与供电企业结清债务。

思考与练习

（1）居民客户申请办理更名业务需提供哪些资料？

（2）办理更名业务时有哪些注意事项？

（3）非居民客户申请办理过户业务需提供哪些资料？

（4）办理过户业务时有哪些注意事项？

模块4 暂停、减容（ZHGY06004）

模块描述

本模块主要介绍暂停和减容业务的业务流程、收资要求和注意事项。通过概念描述、要点归纳，掌握暂停和减容业务的办理规定。

模块内容

一、暂停

1. 业务办理流程

业务受理→现场勘查→设备封停→归档。

2. 申请所需资料

暂停的申请所需资料包括：

（1）法人代表、经办人身份证原件和复印件；

（2）电费交费卡，或可提供近期电费发票或电能表表号；

（3）主体资格证明（营业执照、组织机构代码证、法人身份证明等），若系统内存在且在有效期内的，则无需提供。

3. 注意事项

暂停的注意事项包括：

（1）此业务适用于高压客户，居民客户及低压非居民客户不办理暂停业务，一般办理暂拆业务。

（2）需填写“其他业务申请表”“暂停（减容）用电申请表”，申请表上加盖与系统户名一致的单位公章。

（3）客户办理暂停，须提前5个工作日向供电企业提出申请，供电企业按下列规定办理。

（4）客户可申请整台或整组变压器（含不通过受电变压器的高压电动机）暂时停止使用，每次时间不得少于15天，一个日历年内累计时间不得超过6个月。按最大需量计收基本电费客户，须为整日历月的暂停。

（5）业务办理以营销系统流程为准，因为涉及客户电费是否结清问题，只有客户在电费结清的情况下才能予以办理。

二、减容

1. 业务办理流程

业务受理→现场勘查→答复供电方案→竣工报验→竣工验收→装表送电→归档。

2. 申请所需资料

减容申请所需资料包括：

（1）法人代表、经办人身份证原件和复印件；

（2）电费交费卡或最近一期电费发票复印件；

（3）用电主体资格证明材料（营业执照、组织机构代码证等）。

3. 注意事项

减容的注意事项包括：

（1）减容一般只适用于高压供电客户。

（2）需填写“其他业务申请表”“暂停（减容）用电申请表”，申请表上加盖与系统户名一致的单位公章。

（3）客户办理减容，须提前五个工作日前向供电企业提出申请。

（4）电力客户申请暂停、减容不受次数限制。选择最大需量计费方式的，申请减容、暂停的期限应以日历月为基本单位。

（5）要区分永久性减容和非永久性减容。非永久性减容期限不得超过两年。非永久性减容两年内恢复的，按减容恢复办理，超过两年恢复的按新装或增容手续办理。

思考与练习

（1）客户申请办理暂停业务需提供哪些资料？

（2）办理暂停业务时有哪些注意事项？

（3）办理减容业务时有哪些注意事项？

模块5　分户、并户（ZHGY06005）

模块描述

本模块主要介绍分户和并户业务的注意事项。通过要点归纳，掌握分户和并户业务的相关规定。

模块内容

一、分户

客户分户应持有关证明向供电企业提出申请。供电企业应按下列规定办理：

（1）在用电地址、供电点、用电容量不变，且其受电装置具备分装的条件时，允许办理分户；

（2）在原客户与供电企业结清债务的情况下，再办理分户手续；

（3）分立后的新客户应与供电企业重新建立供用电关系；

（4）原客户的用电容量由分户者自行协商分割，需要增容者，分户后另行向供电企业办理增容手续；

（5）分户引起的工程费用由分户者承担；

（6）分户后受电装置应经供电企业检验合格，由供电企业分别装表计费。

二、并户

客户并户应持有关证明向供电企业提出申请，供电企业应按下列规定办理：

（1）在同一供电点，同一用电地址的相邻两个及以上客户允许办理并户；

（2）原客户应在并户前向供电企业结清债务；

（3）新客户用电容量不得超过并网前各户容量的总和；

（4）并户引起的工程费用由并户者承担；

（5）并户的受电装置应经检验合格，由供电企业重新装表计费。

思考与练习

（1）办理分户业务有哪些规定？

（2）办理并户业务有哪些规定？

模块6 改类、改压（ZHGY06006）

模块描述

本模块主要介绍改类和改压的业务流程、收资要求和注意事项。通过要点归纳，掌握改类和改压业务的相关规定以及二者之间的区别。

模块内容

一、改类

1. 业务办理流程

开通或取消分时：业务受理→开通或取消分时→归档。

更改电价：业务受理→归档。

变更基本电费计费方式：业务受理→归档。

约定需量核定值：业务受理→归档。

2. 申请所需资料

改类申请所需资料包括：

（1）开通或取消分时。

实名制居民客户申请所需资料包括：与营销系统一致的用电户名身份证及经办人身份证原件和复印件、电费交费卡或近期电费发票、电能表表号。

非实名制客户需先办理实名制业务或更名过户业务。

（2）更改电价。

个人客户申请所需资料包括：与营销系统一致的用电户名身份证及经办人身份证原件和复印件、电费交费卡或近期电费发票、电能表表号。

单位客户申请所需资料包括：用电申请单加盖营销系统一致的单位公章经办人身份证复印件原件和复印件、近期电费发票或电能表表号。

（3）变更基本电费计费方式。

用电申请单加盖营销系统一致的单位公章、主体资格证明（营业执照、组织机构代码证、法人身份证明等），若系统内已存在且在有效期内的，则无需提供。

（4）约定需量核定值。

用电申请单加盖营销系统一致的单位公章、主体资格证明（营业执照、组织机构代码证、法人身份证明等），若系统内已存在且在有效期内的，则无需提供。

3. 注意事项

改类的注意事项如下。

（1）更改电价的注意事项包括：

1）在同一受电装置内，电力用途发生变化而引起用电电价类别改变时，允许办理改类手续。

2）居委会、农村社区等客户需要改成“居民电价”的，须提供居委会、农村社区成立的文件材料，并经上级主管单位确认为居委会、农村社区用电场所的清单。

3）擅自改变用电类别，应按供电营业规则第一百条第1项处理。

（2）变更基本电费计费方式的注意事项包括：

1）基本电费按变压器容量或按最大需量计费，由客户选择。电力客户可提前15个工作日向电网企业申请变更下3个月的基本电费计费方式。

2）适用范围为实行两部制电价的高压电力客户。

3）办理要求为提前15个工作日申请、结清电费、次月生效。

（3）约定需量核定值的注意事项包括：

1）电力客户可提前5个工作日向电网企业申请变更下一个月的合同最大需量核定值，电力客户增容可同时调整接电当月最大需量核定值。

2）适用范围为实行两部制电价且按需量计收基本电费的高压电力客户。

3）办理要求为提前5个工日、结清电费、次月生效。

4）最大需量核定值上限值：对于双路同供、互为备用的电力客户，为各路主供电源供电容量之和；对于一路主供，一路备用的电力客户，为主供电源供电容量。

5）最大需量核定值下限值：可能同时运行最大容量（含热备用变压器和不通过专用变压器接用的高压电动机）的40%。

6）电力客户实际最大需量超过核定值105%的部分的基本电费加一倍收取，105%以内部分按核定值收取。电力客户实际最大需量未超过核定值105%的，按核定值收取。

二、改压

1. 业务办理流程

业务受理→现场勘查→答复供电方案→竣工报验→竣工验收→装表送电→归档。

2. 申请所需资料

居民客户申请所需资料包括：① 房产证明；② 房屋产权人身份证明；③ 经办人身份证明。

非居民客户申请所需资料包括：① 用电主体资格证明材料原件和复印件；② 房屋产权证明原件和复印件（房产证内含有房产平面图）；③ 经办人身份证原件和复印件；④ 电费交费卡，或可提近期电费发票或电能表表号。

3. 注意事项

客户改压（因客户原因需要在原址改变供电电压等级），应向供电企业提出申请。供电企业应按下列规定办理：

（1）超过原容量者，超过部分按增容手续办理。

（2）改压引起的工程费用由客户负担。由供电企业的原因引起客户供电电压等级变化的，改压引起的客户外部工程费用由供电企业负担。

三、改类和改压的区别

用电受电装置不变，用电电价类别需要改变时，可以办理改类。因客户原因在原址改变供电电压等级，可以办理改压。

思考与练习

（1）办理改类业务中的更改电价业务时有哪些注意事项？

（2）非居民客户申请改压需提供哪些资料？

（3）办理改压业务时有哪些注意事项？

模块 7 其他业务办理（ZHGY06007）

模块描述

本模块主要介绍费控业务。通过概念描述、要点归纳，掌握《智能交费结算协议》签订的注意事项和智能交费客户建档、维护的相关规定。

模块内容

费控业务是基于用电信息采集系统应用的一种新型电费结算方式。该业务需要供电公司与客户签订《智能交费结算协议》，在客户签署协议后，供电公司通过智能电能表及用电采集系统自动采集客户的实时电量，经过测算后与企业账户预存余额相比较。若客户剩余电费余额低于之前设置的预警值，供电公司则会通过短信提示客户及时交费，若客户未能及时交费，在电费余额不足时将通过采集系统进行表计远程停电，客户足额购电后，恢复供电。

1. 签订《智能交费结算协议》的注意事项

签订《智能交费结算协议》的注意事项为：

（1）如果电能表户名为自然人，需提供户主身份证明；如果为非自然人，则需提供供电能表户名的公章及法人私章。

（2）《智能交费结算协议》需要求客户填写电费余额报警阀值。

（3）综合柜员需提醒客户《智能交费结算协议》签订的抄表周期为“按期”抄表。

2. 上传《智能交费结算协议》

通过营销系统内的供用电合同管理→管理合同，导入新签订的《智能交费结算协议》（PDF文件），同步确保统一视图中费控信息栏内可以看到《智能交费结算协议》。

3. 智能交费客户建档的注意事项

（1）基准策略：按客户费控协议上填写的报警阀值选择。

（2）档案中的短信联系人电话必须与《智能交费结算协议》中的联系人电话一致。

4. 智能交费客户报警阀值的变更

（1）电能表户为自然人需提供电能表户名身份证明，到所属营业厅重新签订新的《智能交费结算协议》。

（2）单位户名则提供与户名一致的公章及法人私章，到所属营业厅重新签订新的《智能交费结算协议》。

（3）发起“费控策略调整”流程，按客户要求新的报警阀值建档，同步上传新的《智能交费结算协议》。

5. 智能交费客户电话号码变更

（1）电能表户名为自然人应提供电能表户名身份证明，到所属营业厅办理电话号码变更手续，不予电话受理。

（2）单位户名提供公章及法人私章到所属营业厅办理电话号码变更手续，不予电话受理。

（3）营业厅需与客户重新签订《智能交费结算协议》，并上传营销系统。

（4）签订协议当天完成营销系统内短信联系人变更。

（5）如果抄表员现场收集客户变更的电话，需在联系信息备注栏内备注，不允许擅自更改系统内的短信联系人电话。

6. 删除智能交费客户档案

客户已办理银行卡代扣业务或办理银行特约委托业务，到营业厅要求撤销智能交费业务的，系统内可发起“费控策略调整”，费控客户选择“否”，即删除智能交费客户档案，同时通过“供用电合同管理”→“管理合同”模块删除原费控协议，重新上传新签订的《智能交费结算协议》。

思考与练习

（1）签订《智能交费结算协议》的注意事项有哪些？

（2）智能交费客户建档的注意事项有哪些？

（3）智能交费客户电话号码变更有哪些规定？

第7章

收 费 管 理

模块1　营业厅收费（ZHGY07001）

模块描述

本模块主要介绍电费回收的重要性、营业厅柜台收费、退费管理、解交管理等内容。通过概念描述、术语说明、流程介绍、要点归纳，掌握电能销售中营业厅柜台收费的相关要求。

模块内容

一、电费回收的重要性

电费回收是供电企业一项重要的经营工作，在各级人民政府的大力支持和有关主管部门的积极配合下，认真贯彻中华人民共和国国务院“关于售电价款必须按照规定逐月收回，不许拖欠”的规定，各大电网、电力局和供电企业做了大量工作，既要遵循商品经济的原则，想方设法及时足额回收国家电费，又要贯彻“人民电业为人民”的服务宗旨，以高度的责任感，从维护社会安定、维护国家和人民利益出发，积极细致地做好电费回收工作。

但近几年以来各地客户欠交电费增幅较大，拖欠电费形势十分严峻，影响国家电费的及时上交，巨额欠费给电力企业的正常生产增加了困难，各级领导必须充分予以重视，加大电费回收力度，做好电费催交工作，确保电费回收。

二、电费回收的目的和意义

供电企业的最终销售收入是依靠回收电费来实现的。企业的再生产过程需要消耗生产资料，企业的持续发展需要资金积累，企业还需要上交国家税收、获取必要的利润等。电力企业所有的这些资金，都必须依靠回收电费来获得。按期回收电费，不但能保证国家财政收入，也为供电企业自身的再生产过程及扩大再生产提供资金保障。

电力企业如果不能及时、足额地回收电费，将会引起电力企业流动资金周转缓慢或停滞，最终使得电力企业的正常生产受阻。电力企业要维持正常的生产，将被迫通过借贷等方法来获取再生产过程必须要的货币支出，最终导致供电企业的生产经营成本的增加，减少了企业收益。因此，及时足额回收电费，加速资金周转，已成为衡量各级供电企业的经营水平的一个重要考核指标。

三、营业厅柜台收费

客户在营业厅柜面交纳电费或业务费用时，营业厅收费人员应准确录入客户户号信息（如果无法提供户号，可根据户名、用电地址等信息进行模糊查询），与客户核对基本信息（户号、户名、地址等）一致后，告知客户电费年月、电费金额及应交纳违约金、业务费用金额等，客户确认后，方可正常收取。

客户有多期欠费，营业厅收费人员应提示客户并要求客户全部交纳。客户可选择其中一期或多期电费进行交纳。如果客户为集团户或托收户，应告知客户整个集团户、托收户的全部欠费情况。如果客户有暂存款，告知客户应补交剩余部分电费。

如果客户要求部分交纳时，应核实客户的用电类别，若该客户为居民客户则告知客户须全部交纳，若其为非居民客户则允许客户部分交纳电费。

客户有违约金，应提示客户须一并交纳。如果违约金需用暂缓，应发起违约金暂缓流程。如客户已停电，应提醒客户一并交纳复电费用。

客户交纳费用应准确、完整地记录在营销业务应用系统中，并严格与相应业务款项类型匹配一致。

1. 现金交费

（1）核实客户基本信息，并告知客户应交纳电费金额。

（2）客户交纳现金后，应做好清点，对50、100元纸币应使用验钞机进行检验，小于50元的纸币及硬币应采用人工方式进行判别，对疑似假币应要求客户给予更换。对破损、污损较严重或难以辨识的纸币及硬币，应要求客户给予更换。清点完成后，按照余额找还客户，并请客户给予清点、查收，收费过程实行唱收唱付。如果客户愿意将剩余金额作为暂存款，则按照预交电费流程操作。

（3）客户交纳电费完成后，开具电费发票、加盖收讫章后，提供给客户。如果客户为部分交费，则不打印电费发票，出具收据并盖章提供给客户，告知客户全额交纳后，可到供电营业厅凭收据换取电费发票。

（4）收取的现金应及时放入保险箱保管。

2. 现金解款单交费

（1）核实客户基本信息，并告知客户应交纳电费金额。

（2）营业厅收费人员收取现金解款单后，应验证现金解款单真伪，核对金额、总户号等信息，验证无误后，在营销信息系统中进行销账处理。

（3）客户交纳电费完成后，开具电费发票、加盖收讫章后，提供给客户。如果客户为部分交费，则不打印电费发票，出具收据并盖章提供给客户，告知客户全额交纳后，可到供电营业厅凭收据换取电费发票。

（4）收取的现金解款单应及时放入保险箱保管。

3. 支票、本票、汇票交费

（1）核实客户基本信息，并告知客户应交纳电费金额。

（2）营业厅收费人员对客户支付电费的支票、本票、汇票，约请客户到指定银行验证客户票据的真伪、金额、有效期及填写规范性等，验证无误在营销信息系统中进行操作，不得直接做到账处理。

（3）客户交纳完成后，不打印电费发票，出具收据并盖章提供给客户，告知客户票据解交、电费到账后，可到供电营业厅凭收据换取电费发票。

4. POS 机刷卡交费

（1）核实客户基本信息，并告知客户应交纳电费金额。

（2）营业厅收费人员应验证客户提供的银行卡是否具备刷卡功能（核查发卡行、银联标志等），验证无误后，告知客户进行刷卡操作，并请客户自行输入密码，不得代为输入密码等信息。

（3）刷卡完毕后，营业厅收费人员应核对签购单上的卡号、金额，并请客户对签购单签字确认。开具电费发票、加盖收讫章后，提供给客户。银行卡签购单应与发票收据的存根联一同保管。

四、营业厅自助交费

客户通过营业厅的 POS 机、自助交费终端进行交纳电费，营业厅工作人员应按照以下流程操作：

（1）客户根据交费终端提示进行交费操作。

（2）营业厅收费人员每日收费结束后，清点交费终端内收取现金金额，并与营销信息系统进行核对，确保款项一致。

五、退费管理

（1）如果该户的收费人员当日款项未交接，则该收费人员可在营销信息系统内进行冲正操作，并从已收现金中支出。如果该收费人员款项已完成交接，则不得直接在柜面退费，需客户提出申请后，通过退费流程进行客户退费。

（2）客户正常退费，应通过退费流程并提供相应资料，到财务部门申请费用进行退费，不得从当日现金收费中支出。

（3）客户交纳电费、业务费用或购买电费充值卡时，如果支付金额超过 3 千元，应引导客户直接将款项划转到公司指定账户，凭现金解款单、银行进账单等交费或办理相关业务。如果客户首次支付大额现金，对于银行网点距离供电所营业厅较远的，应提醒客户尽量在上午交纳或先行预约，便于现金及时解交银行。

（4）在现金收费过程中，如果缺少零钱，不得自行垫付，应由班组长统一在备用金中给予全额兑换。

各供电所营业厅应设专人负责各收费人员收费汇总及现金解款工作。

六、解交管理

24 小时自助供电营业厅收取的现金原则上每日上午、下午两次解交银行，在交费高峰时，应视现金收取情况安排多次解款。

（1）供电所自行解交的，每日款项核对完成后，应于银行下班前及时到银行网点进行现金解交，对日现金收费量较大的营业厅，视现金收取情况可安排多次解款。应配备专业的现金保管运输箱，解款人员不得少于 2 人，并配备一定的防护用具。对于路途较远的，应乘坐供电所车辆前往，不得乘坐公共交通工具、私家车或摩托、电动车等前往。

（2）银行上门收款的营业厅，营业厅应填写好现金解款单，将解款单与现金放于专用解款包中，并在收款时，认真核对收款人员身份，做好交接手续登记、存档，并在解款到位后，给予确认。解款时应按照电费、业务费分别解款，并在银行方登记解款时间、解款供电所、解款人员等信息，携带解款单据返回后，应及时上交，并在信息系统中登记解款的时间、人员、解款单号等信息，便于后续的营财账项核对工作。对当日不能及时解款的金额，应在次日单独解款。

（3）农村供电所营业厅门市收电费现金的，应当即进行销账处理，每天下午 16h 前收取的电费现金由收费人员负责当天解交银行电费专户，16h 后收取的电费现金当日填制好现金交款单，并在现金交款单上注明××年××月××日 16h 后收取的电费现金，16h 后收取的电费现金连同填制好的现金交款单一并存放入保险箱，次日上午解交。

（4）对收取的支票、本票、汇票等票据，直接约请客户到指定银行进行入账。

思考与练习

（1）电费回收的目的和意义是什么？

（2）客户现金上交电费时营业厅人员需要注意哪些事项？

（3）电费的退费管理需要注意哪些事项？

（4）供电所自行解交电费的解款要求是什么？

模块 2　其他收费（ZHGY07002）

模块描述

本模块主要介绍代收代扣、自有渠道功能、特殊人群上门收费、支付宝、微信交费及账务核对等内容。通过概念描述、术语说明、流程介绍、图解示意、要点归纳，掌握电能销售中客户其他交费方式的相关内容。

模块内容

一、客户的其他交费方式

（1）银行、代收网点代收代扣交费。代收代扣是供电企业借助社会力量，来回收电费的一种收费形式。这种收费方式的使用，既提高了电费的回收效率，又方便了客户，特别是在电子货币结算日益普及的今天，这种结算形式更应被推广使用。在实施代收代扣电费过程中，除要求慎重选择合作方外，对资金的划拨时间也应在双方的合作协议上进行明确规定。对合作方收缴的电费，一般要求直接存放在供电企业的电费专户中，禁止合作方对电费进行截留。

（2）电子托收交费。此种方式主要是采用托收无承付的方式通过银行来实现交费，该种方式主要用于企事业单位。银行根据收付双方签订的合同，收款单位委托银行收款时，不需经过付款单位承付，即可主动将款项划转收款单位的一种同城结算方式。

（3）线上交费。积极拓展“掌上电力”“电 e 宝”、95598 网站、微信、支付宝等电子渠道的智能交费，开发预付费客户在线签约、余额实时查询、预警主动推送、线上交费、批量代扣、自助复电申请、租客管理、电子账单推送等功能，进一步提升智能交费客户互动服务。

1）95598 网站交费步骤：

a. 打开浏览器，输入 http://95598.js.sgcc.com.cn/进入 95598 网站，在左上角的客户登录区输入总户号、查询密码及验证码，单击登录，完成登录操作，如图 7–2–1 所示。

（如果首次使用，需拨打 95598 客服电话，核实身份后，获取登录密码）

图 7–2–1 客户登录界面

b. 交费操作。客户登录后，系统会显示客户的电费信息以及是否欠费，如果有欠费，则会在客户电费信息的右下角出现“我要交费”按钮，客户可以通过单击此按钮或通过下面的【在线支付】——【支付宝交费】菜单进入交费界面，系统显示客户的欠费列表。客户勾选想要交费的欠费记录，输入验证码后单击提交进入交费确认界面，客户确认自己的信息及交费金额无误后单击确认按钮，进入支付宝界面。输入支付宝支付密码后单击确认付款，转入支付宝付款完成界面，最后重新跳转到 95598 网站支付成功提示界面。

2）支付宝交费。为了方便客户交费，推行了新的支付宝扫码交费，低碳环保，不用排队。打开支付宝 APP 扫码进入；确认交费区域及单位，然后输入户号；输入交费金额；交费成功。

3）微信交费。一是关注“国网江苏省电力公司”公众号，绑定户号后进行电费交纳或电费预存。二是在微信钱包里，单击“生活交费”选择电费完成电费交纳或电费预存。

4）电 e 宝交费。“电 e 宝”是国家电网公司自有全网通互联网交费平台，为广大用电客户提供安全可靠，优质高效的支付服务；是国家电网公司互联网线上供电服务的主营载体之一，集支付结算和金融服务为一体，为国家电网公司电力营销、供电窗口、国家电网商城、国家电网商旅等业务提供全方位便捷、高效的资金结算服务，有力支撑国家电网公司电力服务水平提升。

二、账务的核对

各市供电公司应设置专人，每日负责与银行、银联、第三方支付等进行账务核对，并严格依据双方协议，及时完成电费资金划转。加强营销、财务对账管理，按照公司规定和业务流程定期开展营财账目核对工作，发现差异迅速查明原因，重大情况及时向上级报告。

思考与练习

（1）客户的其他交费方式有哪些？

（2）微信交电费的方法有哪些？

（3）针对客户电费的其他交费方式如何进行账务的核对？

第8章

资金安全管理

模块1 资金管理（ZHGY08001）

模块描述

本模块主要介绍现金管理、银行账务管理、银行票据管理、营销收费资金管理、银行对账管理、保险箱管理、岗位交接管理等内容。通过概念描述、术语说明、要点归纳，掌握电能销售中资金安全管理的相关要求。

模块内容

资金管理是财务管理的核心，规范公司系统资金管理的规范化、确保公司资金安全是财务管理最基本的任务。

一、现金管理

1. 现金管理的范围

现金管理的范围包括：

（1）现金日常管理。外单位支付往来款收取现金的管理、日常报销业务从银行领取现金和现金支付的管理。

（2）营销现金管理。营销收费（含收取电费、业务收费）收取现金的管理。

2. 现金管理的职责分工

外单位支付的除营销收费（含收取电费、业务收费）业务外收取的现金由财务部门收取，并当天解交银行，不得坐支；日常报销业务从银行领取现金和现金支付，由财务部门办理。

营销收费（含收取电费、业务收费）收取现金由营销部门收取，并当天解交银行，不得坐支。

二、银行账户管理

1. 银行账户管理的范围

银行账户管理的范围包括符合省电力公司银行账户管理规定的国家电网、省网经费结算户、电费结算户、其他结算户。

2. 银行账户管理的职责分工

财务人员负责各银行账户的归口管理工作，综合柜员岗位具体负责将当日的现金解交到归口的银行账户。电费结算户：公司各单位因电费收取和结算需要开立的银行结算账户。

三、银行票据管理

接收的银行票据是指收款业务而接收的外单位银行票据，包括营销收费（含收取电费、业务收费）收取的客户银行票据、其他收款业务（不含营销收费）收取的银行票据两类。营销收费（含收取电费、业务收费）收取客户银行票据的，按营销收费资金管理的要求进行管理。

四、营销收费资金管理

（一）营销收费资金管理概要

1. 营销收费资金管理范围

营销收费的资金管理包括电费资金的管理、营销其他业务收费资金的管理。

2. 营销收费资金管理职责分工

电费资金管理的职责分工：综合柜员负责电费的收费、门收现金的销账，财务人员负责到账电费的销账、到账电费的上交、到账电费及其上交的账务处理、电费资金账户的银行对账。

营销其他业务收费的资金管理职责分工：综合柜员负责营销其他业务收费的开票、收费，财务人员负责营销其他业务收费到账资金的账务处理，营销其他业务收费资金账户的银行对账。

财务人员负责营销收费资金账户的银行对账。

3. 营销收费资金管理内容

电费资金管理内容包括营业厅门收支票、门收现金、同城特约委托收款（手工）、同城特约委托收款（电子托收）、委托其他单位代收、银行汇款、银行承兑汇票内容。

营销其他业务收费的资金管理内容包括营业厅门收支票、门收现金、银行汇款的管理。

（二）营销收费资金管理内容

1. 营业网点收费及解款管理

供电营业厅收取的资金必须在当日 16h 前全额解交银行，当日解款后收取的资金必须盘点做台账记录，统一封包放入专用保险柜中保管，于次日解交银行电费专户（如现金余额太大可向银行申请现金寄库业务，确保资金安全）。营业厅收费人员，应加强收取现金的管理，平时收取的现金应及时放入保险箱保管。银行解款必须安排两人及以上，确保资金安全。收取支票、本票等金融票据时，应验证客户票据的真伪、金额、有效期及填写规范性等，不得收取空白票据或替代客户填写票据相关内容，收取票据后应由专人交财务进行入账处理，票据收取、交接均应做好登记和签收。营销系统内的客户交费方式应与实际保持一致，严禁员工为提高电子化交费比例，擅自改变交费方式。

2. 电费资金安全管理

严禁工作人员上门收取客户现金、支票、本票，以及送达电费发票等。特殊客户确需上门服务的，应由部门负责人批准后指定专人负责，同时报市、县（区）公司营销部（客户服务中心）备案，备案包括但不限于客户联系人、联系电话、金额、交费方式、发票号码、上门原因、解款日期等。严格执行收费资金向供电公司在银行开设专用账户进行解款的工作制度，客户通过汇款、划款等方式交纳电费的，应划拨至供电公司指定的电费专用账户。抄表及收费人员不得以任何借口挪用、借用电费资金，严禁将电费资金存入个人账户。客户使用银行进账单交纳电费时，应在确认电费资金已经到账的情况下，方可进行二次销账。

3. 电费预结算收费管理

客户实交电费金额大于应交电费时，剩余金额应做预结算电费处理，严禁为完成电费回收等指标，将客户预结算电费调节为其他客户预收款或为其他客户冲抵欠费。客户因销户等原因申请退预收电费或空退至其他客户时，严格履行逐级审批手续。要深化“互联网+”营销服务应用工作，加强费控业务管理，引导客户使用预收预存功能，或直接通过掌上电力、电e 宝、江苏电力微信平台等电子渠道在线交纳各项费用。要利用线上互动服务渠道向客户提供资金往来的信息告知和互动服务，强化客户资金安全意识。

4. 加强代收费渠道管理

规范代收费合作协议签订工作，应在协议中明确资金归集时限要求、数据保密和违约责任等条款。督促代收费业务的合作单位严格履约，委托第三方机构定期开展明察暗访活动，保证代收点服务质量，确保代收资金及时归集。要加强代收渠道资金安全评估和监控，对资金归集异常情况及时做好应对处置。

5. 营销其他业务收费资金管理

（1）供电营业厅（所）收取的资金必须在当日 16h 前全额解交银行，当日解款后收取的资金必须盘点做好台账记录，统一封包放入专用保险柜中保管，于次日解交银行；银行解款必须安排两人及以上，确保资金安全。

（2）营业厅收费员收到客户交纳的营销其他业务收费现金，向客户开具相关票据，在营销系统中进行业务操作，营业厅收费人员每天根据营销其他业务收费现金的交款单（含 16h 后收取的交款单）。各营业厅原则上每个工作日保管的现金不得超过 3 千元，周六、周日保管金额不得超过 5 千元。在国庆、春节等长假期间，每日保管的现金不得超过 8 千元。每日营业前，应先行对保管的现金、电费充值卡进行清点，核对无误后，再行开展每日正常营业工作。任何人不得以任何理由，自行保管营业厅现金。

（3）农村供电所收取的营销其他业务收费现金，除移交财务部门的相关手续按周移交外，其他按上述管理要求执行，24 小时自助供电营业厅应安排人员 24 小时值班。

（4）各营业厅对电费充值卡、当日无法解交的现金、剩余柜面备用金、支票、本票、汇票等应由专人及时进行保管，确保资金安全。各营业厅的现金保管应设置专门场所、采用专业的保险柜，布置监控设备，并安排人员值班，严格遵守财务关于现金保管的相关制度。保险柜应设专人管理，保险柜要配置两把钥匙，一把由营业厅专人保管；另一把交由市公司安全监察部（保卫部）封存，以备特殊情况下经有关领导批准后开启使用。保险柜中放置备用金、解交后收取的少量现金、发票收据、印章、现金解款单、支票、汇票、本票等，柜中严禁放置私人财物。

五、银行对账管理

银行对账管理内容包括：

（1）每日必须进行现金盘点，做到日清日结，按日编制现金盘点表，财务部门负责人每月至少现场监督盘点现金一次；供电营业厅（所）负责人每月应对窗口现金监盘一次，并在现金盘点表上签字。

（2）每日银行对账的方法是将公司各账户每日收支业务与银行对应账户的收支明细逐笔进行核对。月度银行对账的方法是公司各银行账户的收支业务与从银行取回的盖有银行业务印章的银行对账单逐笔进行核对，同时核对从银行取回的盖有银行业务印章的银行对账单与从网上银行打印的银行对账单的一致性。

（3）营销部门必须依据银行实际到账信息及时完成营销系统到账确认工作，并对明细数据的真实性负责；对交款方与客户名称不一致的销账，必须根据客户提供的合规资料建立台账管理，增加复核工序，加大稽核检查。

（4）对电费发行、供电营业厅（所）收费、金融票据传递、资金到账确认、客户往来对账函证、电费催收等岗位必须实行不相容岗位分离。

（5）供电营业厅（所）必须建立充值卡登记台账，对充值卡入库、发放、领用、保管、销售、作废等流转过程进行登记，月末必须进行盘点。

（6）全面落实国家电网公司营财一体化总体工作安排，按照营销负责明细核算，财务负责汇总核算的原则，采用凭证直接集成的方式，精细化前端业务管理，加快推进营财一体化功能设计、系统研发和试点应用工作，做好职责调整后的人员配备和业务流程优化工作。建立电费销账与银行到账信息强制关联关系，实现电费银行账户自动对账实施电费销账在线稽核，推动电费核算信息录入关口前移，细化明细账务核算维度，实行银行票据全过程在线处理。营销部、财务部共同做好电费资金的管控监督工作，定期抽取部分客户核对应收电费、预结算电费余额，共同加强未达账项的管理，对应收未收的未达账项必须在次月核对处理完毕。定期开展对供电所资金安全检查，防范资金安全风险。

六、保险箱的管理

1. 保险箱管理概要

根据内控制度、资金安全的要求确定保险箱个数和保管人。涉及保险箱使用的岗位主要有出纳、资金管理、审核管理、税务管理、财务部门负责人、营销部门营业厅（含农村供电所）营销收费岗位等。

2. 保险箱管理内容

保险箱管理的内容如下：

（1）购置的保险箱的质量、性能、功能、保险箱的放置位置必须经过单位保卫部门确认，保险箱必须在保卫部门登记备案。

（2）保险箱只能存放与工作相关的物品，严禁存放私人物品。出纳岗位负责保险箱内现金、支付密码器、网上银行客户证书、现金和银行记账凭证的收付讫章等的安全；税务管理岗位负责保险箱内从税务机关购回的空白普通发票、空白增值税发票等的安全；资金管理岗位负责保险箱内存放的银行空白票据、银行票据登记簿、网上银行客户证书、各银行账户资料等的安全；审核岗位负责保险箱内其所存放银行印鉴等的安全；财务部门负责人负责保险箱其所存放银行印鉴及与财务工作相关资料等的安全；营销部门营业厅（含农村供电所）收费岗位负责保险箱内所存放营销收费现金的安全。

（3）保险箱保管使用人应妥善保管保险箱钥匙和密码，定期更换保险箱密码。

七、岗位交接管理

岗位交接的管理内容包括：

（1）涉及资金管理的相关财务人员休假、出差等离开工作岗位时，为保证资金管理工作的正常开展，保证资金的安全性，必须办理工作交接手续。

（2）财务部门负责人必须组织好工作交接，按照内控制度的要求指定接替人员，明确交接的实物资料、明确交接后的工作内容和工作要求。

（3）涉及资金管理工作交接的财务岗位主要包括财务部门负责人、资金管理岗位、审核管理岗位、出纳岗位。

（4）涉及资金管理工作的财务人员发生岗位调整、调动等岗位变化情况的，按会计人员岗位移交工作的要求办理工作移交。

（5）上述工作人员回到工作岗位时，按上述要求办理同样工作交接手续。

思考与练习

（1）现金管理的范围包括哪些？如何进行职责分工？

（2）营业网点收费及解款的注意事项有哪些？

（3）保险箱管理内容包括哪些？

模块 2　票据管理（ZHGY08002）

模块描述

本模块主要介绍电费发票的概念，票据的领用、保管和开票规定，计算机打印发票的标准和要求等内容。通过概念描述、要点归纳，掌握电能销售中各种票据的管理规定。

模块内容

一、电费发票

发票是指在购销商品、提供或服务及从事其他经营活动中，开具、收取的收付款凭证。根据目前实际，现在电力企业使用的发票主要有居民、普通和增值税。

增值税专用发票只限于一般纳税人使用，增值税小规模纳税人和非增值税人不得使用。

二、票据的领用使用

票据的领用和使用的相关内容包括：

（1）票据的领用。供电企业的电费发票应设专人保管。普通电费发票一般由电费收费人员根据需要，直接向电费账务管理人员领用。采用银行联网的供电企业，若约定银行方需代为开具正式发票的，其发票应以银行为单位到供电企业进行领用。

（2）票据的使用。电力客户正常使用电力，其电费支出应计入费用，不属于其产品的增值部分，只要电力客户属于一般纳税人，电力企业就应该给予开具电费增值税发票，使其能够用于抵扣。

三、票据的保管规定

票据的保管规定内容包括：

（1）应设专人保管发票。

（2）专用发票必须存放于保险柜内。

（3）应当按照主管税务机关的规定存放和保管发票，不得擅自损毁。

（4）应当按照主管税务机关的规定，在办理变更或税务登记的同时，办理发票和发票领购簿的变更、缴销手续。

（5）取得的税款抵扣联，要按照税务机关的要求装订成册。

（6）发生丢失专用发票时，应于丢失当日书面报告主管税务机关，并通过报刊和电视等传播媒介公告。

（7）对作废发票，在加盖“作废”印章后，发票使用人应建立发票使用台账（可记入电费实收日志)，并随发票存根退账务管理人员。

（8）电费账务管理人员在接收领用人退回的发票时，应对发票使用情况进行核查，并及时在《电费发票领用本》上注销，对长期未用的发票应及时查明原因，并酌情处理。

（9）供电企业对退回的发票存根（包括作废发票)，应集中管理，并按规定程序进行销毁（或上缴)。

（10）对使用中不慎遗失的发票，应根据税务机关的相关规定办理注销手续。

（11）电费票据管理。客户交费后，对实收电费应主动提供电费普通发票或增值税票，对预结算电费应提供相应收据，不得以任何理由不提供发票或收据。电费普通发票与收据均应通过营销信息系统开具，开具增值税票的客户应将用电清单核查票一并提供给客户。收据、核查票均应视同发票管理，由专人领取、打印、保管，客户领取发票、收据及核查票时应做好签收工作。

四、电费发票的开票要求

电力企业是使用增值税发票的大户，必须要管理好增值税发票。对增值税发票的使用管理，除应遵循普通管理的一般规定外，还须特别注意以下几个问题：

（1）对客户开具增值税发票前，应对客户进行资格审查。资格审查一般要求客户提供三证合一的相关原件及复印件。

（2）为强化管理，增值税发票一般要求以县级供电企业为单位进行统一管理、集中打印。

（3）电力企业应尽量避免对使用增值税发票的客户退还电费。如果必须退款，而客户原发票已抵扣时，应请客户到当地主管国家税务机关开具的进货退出或索取折让证明单（以下简称证明单）送交电力方，作为电力企业开具红字专用发票的合法依据。电力企业在未收到证明以前，不得开具红字专用发票；收到证明单后，电力企业可根据退电费的数量（差价）向客户开具红字专用发票。

（4）除国家税务机关特别同意的，增值税发票严禁拆本使用。

（5）对客户的临时基本建设，一般不允许开具增值税发票，各地供电企业应至当地主管税务机关进行统一界定。

五、计算机打印发票的标准和要求

使用电子计算机开具发票，必须使用税务机关统一监制的机外发票，开具后的存根联应按照顺序号装订成册并妥善保管。

电费账务管理人员对发放的发票应在专门的《电费发票领用本》上登记，并请领用人签名。为便于发票的使用管理，以使用人为单位一次性领用发票数量不宜太多（一般最多考虑1个月的用量），并应将使用后的发票存根及时退回。

收费人员必须严格按规定使用发票，对规定的“机开发票”严禁使用手工填写。

思考与练习

（1）电费票据管理有哪些规定？

（2）对增值税发票的使用管理，除应遵循普通管理的一般规定外，还必须特别注意哪些问题？

（3）打印发票的标准和要求有哪些？

第9章

电费发票解读

模块1　电费计算（ZHGY09001）

模块描述

本模块主要介绍电费计算的要求、要素、流程等内容。通过概念描述、要点归纳、流程介绍，掌握电费计算的要素和流程。

模块内容

一、电费计算的要求

电费计算是电费管理的中枢。供电企业的电费管理部门应根据国家有价格权限部门核准的电价标准、《供电营业规则》、功率因数调整电费办法以及一些规范、规定，抓好电费的计算工作。电费能否按照规定及时、准确地回收，账务是否清楚，统计数据是否准确，关键在于电费计算质量。

抄表数据校核结束后，应根据抄表记录、工作传票、电力营销信息系统客户档案、《电费计算操作手册》等在一个工作日内完成电量电费计算工作。及时审核新装和变更工作单，保证计算参数及数据与现场实际情况一致。电价、计量及计费参数等与电量电费计算有关的资料录入、修改、删除等作业，均应有记录备查。做好可靠的数据备份和保存措施，确保数据的安全。电量电费计算应认真细致。按财务制度建立应收电费明细账，编制应收电费日报表、日阶段报表、月报表，明细账与报表应核对一致，保证数据完整准确。

二、电费计算的要素

（1）计算时应认真核对客户的户名、地址、TA、TV 的变比和乘率、当月抄见示数、上月示数、变压器容量、损耗、计费容量（最大需量）、功率因数考核标准、分类电价等信息。对电量明显异常及各类特殊供电方式（如多电源、转供电等）的客户应重点复核。

（2）新装、增容客户，用电变更客户，电能计量装置参数变化的客户，其业务流程处理完毕后的首次电量电费计算，应逐户审核，认真核对其户名，地址，表计编号，报装容量，TA、TV 的基本信息、变比和乘率，电价执行，行业分类，计量方式，变压器损耗电量和基本电费，停启用日期，表计的串并接方式，拆表电量，功率因数考核电费的执行标准和计算结果，定比、定量的执行标准等信息。

（3）表计故障的客户要核对退补电量电费。

（4）分时电价客户计算时要特别注意分时电量与总电量以及子母表电量之间的计算、最大需量的计算是否准确，并注意分时电价执行的范围。

（5）核查优待电价、差别电价的执行情况。

（6）在电价政策调整、数据编码变更、营销信息系统软件修改、营销信息系统故障等事件发生后，应对电量电费进行试算并对各类客户的计算结果进行重点抽查审核。

（7）对电量电费复核过程中发现的问题应按规定的程序和流程及时处理，做好详细记录，并按月汇总形成复核报告。

1）新装、增容、变更用电客户的电费计算、电价执行及其他信息有错误或不明时，应进行现场核对或通知相关部门处理，保证电费发行的及时准确。

2）发现客户的电量增减异常、零电量等情况，应进行现场核对或交抄表人员现场核对。

3）计算中发现的错误应及时统计并汇报，发现重大经济事故应及时以书面报告上报电费管理部门。

4）分时电价客户分时电量与总电量不符、子母表电量不符时，应做好记录，并通知有关人员到现场核对。

5）执行最大需量结算方式的大工业客户，本月抄见上月的最大需量值大于上月结算最大需量值时，应在本月电费中补收基本电费差额。

6）对超出优待电价执行范围、差别电价未执行到位的客户做好记录，转相关部门处理。

三、电费计算的流程

流程：电费计算→电费复核→电费发行→核算质量考核→核算工作统计分析。

1. 电费计算

根据用电客户的抄表数据、用电客户档案信息以及执行的电价标准进行用电客户各类型电量、电费的计算。电量计算是对抄见电量、变压器损耗电量、线路损耗电量、扣减电量（转供、分表、定比定量）、退补电量各种类型电量进行计算，得出结算电量；再通过结算电量和相应的电价，计算出各种电费。电费计算包括电度电费、基本电费、功率因数调整电费、代征电费等各电费类型的计算。

2. 电费复核

计算人员根据抄表记录、工作传票、电力营销信息系统客户档案、《电费计算操作手册》以及相关电价电费政策等对系统计算的客户电量电费进行审核，以保证电费的正确发行。

3. 电费发行

计算人员在营销系统内将审核无误的客户电费及时发行，以生成应收电费。

4. 计算质量考核

对计算工作质量按公司及部门的相关工作标准进行考核。

5. 计算工作统计分析

定期对计算工作中发现的各类问题进行统计分析，以利于各环节工作质量的不断提升。

四、电费核算员的基本技能

电费核算员应具备的基本技能包括：

（1）电费核算员应熟悉《电力法》《电力供应与使用条例》《供电营业规则》等相关法律、法规和政策。

（2）电费核算员应熟悉和正确掌握国家的电价电费政策和电力营销的管理制度、办法。

（3）掌握电价、电费计算、电能计量、供用电业务有关的专业技术理论知识。

（4）电费核算员应熟练使用电力营销信息系统中电费子系统，并能熟练操作计算机。

（5）电费核算员应具有对电量异常、电费计算异常、电价执行错误的判断和分析能力。

（6）具有简单的账务处理常识，熟悉税务部门的增值税管理办法，能完成增值税发票信息的建立、修改、冲账等管理工作。

（7）能完成各类电费电价报表的数据汇总以及各类线损数据的统计汇总。

思考与练习

（1）电费计算的内容主要有哪些？

（2）电费计算的主要流程是什么？

（3）电费核算员的基本技能要求有哪些？

模块2　低压客户发票解读（ZHGY09002）

模块描述

本模块主要介绍低压客户电费发票、电费的计算方法、电费违约金的相关规定等内容。通过票面解读，掌握低压客户电费发票的信息内容，了解低压客户电费的计算方法。

模块内容

一、低压客户定义

低压客户为公用变压器下，供电电压为220/380V，计量方式为低供低计的用电客户。

二、低压客户电费发票的解读

（一）低压非居民客户

1. 发票样张

低压非居民客户电费发票样张示例如图9–2–1所示。

2. 票面信息解读

低压非居民客户电费发票票面信息解读，如图9–2–2所示。

3. 电费计算公式

总用电量=（本月示数–上月示数）×综合倍率

电度电费=总用电量×销售电价

综合倍率=表计倍率×电流互感器倍率

4. 电费违约金

《供电营业规则》第八章“供用电合同与违约责任”第九十八条规定：用户在供电企业规

定的期限内未交清电费时，应承担电费滞纳的违约责任。电费违约金从逾期之日起计算至交纳日止。每日电费违约金按下列规定计算：

其他用户：当年欠费部分，每日按欠费总额的2/1000计算；跨年度欠费部分，每日按欠费总额的3/1000计算；电费违约金收取总额按日累加计收，总额不足1元者按1元收取。

××省电力公司通用机打发票

核查票

注：本发票作为核查，不作收费报销凭证

开票日期：20170528　　行业分类：电力　　供电服务热线：95598

户号：××××××××××	段户号：×××××××××× / ××	201705 月页数： 1 / 1			
户名：×××					
地址：××××××××××					
本月示数	上月示数	电量	单价	金额（元）	上期转入：0.12 元
总 80239.37	77308.81 1	2931	0.8366	2452.07	转入下期：0.19 元 本期抄表：20170506 收费员：3000126006
加减	违约金		小计	2452 元	抄表员：2800201231
金额：贰仟肆佰伍拾贰元整				销售单位：国网××供电公司	
已缴：0	剩余：0		应补：2452	开票地址：××供电公司	

图9–2–1　低压非居民客户电费发票样张

××省电力公司通用机打发票

核查票

注：本发票作为核查，不作收费报销凭证

开票日期：20170528　　行业分类：电力　　供电服务热线：95598

户号：××××××××××	段户号：×××××××××× / ××	201705 月页数： 1 / 1			
户名：×××	①				
地址：××××××××××					
本月示数	上月示数	电量	单价	金额（元）	上期转入：0.12 元
总 80239.37	77308.81 1 ②	2931 ③	0.8366	2452.07 ④	转入下期：0.19 元 本期抄表：20170506 ⑤ 收费员：3000126006
加减	违约金		小计	2452 元	抄表员：2800201231
金额：贰仟肆佰伍拾贰元整				销售单位：国网××供电公司	
已缴：0	剩余：0		应补：2452	开票地址：××供电公司	

图9–2–2　低压非居民客户电费发票票面信息解读

①—用电客户的基本档案；②—表计示数及综合倍率；③—计费电量；④—电费电价；⑤—抄表信息

（二）低压居民客户

1. 发票样张

低压居民客户电费发票样张示例如图9–2–3所示。

2. 票面信息解读

低压居民客户电费发票票面信息解读，如图9–2–4所示。

××省电力公司通用机打发票

核查票

注:本发票作为核查,不作收费报销凭证

开票日期: 20170520　　行业分类: 电力　　供电服务热线:95598

户号: ×××××××××××　　段 户 号: ×××××××××× / ××　201704　月页数:　1 / 1

户名: ×××

地址: ××××××××××

本月示数	上月示数		电量	单价	金额(元)	上期转入: 0.86 元
总 5640	5103	1	537		306.16	转入下期: 0.02 元
峰 2723	2326	1	412	0.5583	230.02	本期抄表: 20170403
谷 2917	2797	1	125	0.3583	44.79	
一档基数3460	二档基数2040		阶梯2 519	0.05	25.95	
一档已用3460	二档已用2040		阶梯3 18	0.3	5.4	收费员: 2803000334
加减	违约金			小计	307 元	抄表员: 2803180323

金额: 叁佰零柒元整　　销售单位: 国网××供电公司

已缴: 0　　剩余: 0　　应补: 307　　开票地址: ××供电所

图 9–2–3　低压居民客户电费发票样张

××省电力公司通用机打发票

核查票

注:本发票作为核查,不作收费报销凭证

开票日期: 20170520　　行业分类: 电力　　供电服务热线:95598

户号: ×××××××××××　　段 户 号: ×××××××××× / ××　201704　月页数:　1 / 1

户名: ×××　　①

地址: ××××××××××

本月示数	上月示数		电量	单价	金额(元)	上期转入: 0.86 元
总 5640	② 5103	1	537 ③		306.16	转入下期: 0.02 元
峰 2723	2326	1	412	0.5583	230.02	本期抄表: 20170403
谷 2917	2797	1	125	0.3583	44.79	⑥
一档基数3460 ⑤	二档基数2040		阶梯2 519	0.05	④ 25.95	
一档已用3460	二档已用2040		阶梯3 18	0.3	5.4	收费员: 2803000334
加减	违约金			小计	307 元	抄表员: 2803180323

金额: 叁佰零柒元整　　销售单位: 国网××供电公司

已缴: 0　　剩余: 0　　应补: 307　　开票地址: ××供电所

图 9–2–4　低压居民客户电费发票票面信息解读

①—用电客户的基本档案；②—表计示数及综合倍率；③—计费电量；

④—电费电价；⑤—阶梯电价使用情况；⑥—抄表信息

3. 居民阶梯电价

（1）居民生活阶梯电价实施范围是城乡居民一户一表客户（含已是一户一表的独租户、群租户）。

（2）多户合用电能表的、一户多表居民、居民与非居民混用的和执行居民电价的非居民客户暂不执行居民生活阶梯电价。

（3）阶梯电价档次划分和加价标准按照各省市具体政策执行。以江苏省为例，按照月用电量分为 3 个档次，居民月用电量低于 230kWh 部分（含 230kWh），维持现行电价标准；居民月用电量在 231～400kWh 之间部分（含 400kWh），在第一档电价的基础上，每度加价 0.05 元；居民月用电量高于 400kWh 部分，在第一档电价的基础上，每度加价 0.3 元。对家庭户籍人口（以公安部门注册的户籍人口为准）在 5 人（含 5 人）以上的客户，每月增加 100kWh

阶梯电价基数。即家庭户籍人口 5 人（含 5 人）以上的，第一档电量为 330kWh，第二档为 500kWh。

4. 电费计算公式

总用电量=第一档用电量+第二档用电量+第三档用电量=峰电量+谷电量

基础电费=峰电量×第一档峰电价+谷电量×第一档谷电价

第二档递增电费=第二档用电量×第二档递增电价

第三档递增电费=第三档用电量×第三档递增电价

总电费=基础电费+第二档递增电费+第三档递增电费

5. 电费违约金

《供电营业规则》第八章"供用电合同与违约责任"第九十八条规定：用户在供电企业规定的期限内未交清电费时，应承担电费滞纳的违约责任。电费违约金从逾期之日起计算至交纳日止。每日电费违约金按下列规定计算：

居民用户每日按欠费总额的 1/1000 计算，电费违约金收取总额按日累加计收，总额不足 1 元者按 1 元收取。

思考与练习

（1）低压非居民客户电费发票票面包含哪些主要信息？

（2）居民阶梯电价执行的范围与标准是什么？

（3）电费违约金收取有哪些规定？

模块 3　高压客户发票解读（ZHGY09003）

模块描述

本模块主要介绍高压客户电费发票、高压客户电费的组成、高压客户电费计算中常见问题及处理方法等内容。通过票面解读，掌握高压客户电费发票的信息内容，了解高压客户电费计算的相关规定及方法。

模块内容

一、高压客户定义

供电电压为 10kV 及以上，计量方式为高供低计或高供高计的用电客户。

二、高压客户电费发票的解读

（一）发票样张

高压客户电费发票样张示例如图 9–3–1 所示。

（二）票面信息解读

高压客户电费发票票面信息解读，如图 9–3–2 所示。

××省电力公司通用机打发票

核　查　联

注:本发票作为核查,不作收费报销凭证

开票日期:20160319　　　　行业分类电力

页数	1 / 1		供电服务热线:95598			纳税号	321088××××××441		
户名	××××××有限公司			段户号	100××××149　3	开户行			
地址	××镇工业园区			总户号	97××××1045　1	账号			201602 月
基本电费	受电容量	需量示数	乘率	实际需量	核准需量数	超核准需量	计费容量	单价	金额（元）
	500	0.1962	160	31	200	0	200	40	8000
无功电量	本月示数	上月示数	乘率	加减电量	实用电量	功率因数	54 %	增减率	37 %
	192.96	184.56	160	铜 101	无功总 4923	项目　单价	金额（元）	项目　单价	金额（元）
	1.52	1.21	160	铁 3528	有功总 3171				
				加减 0	抄 1344			力调费	2960
有功电量	9.25	9.25	160			尖峰 1.1002	0		0
	131.77	124.66	160	铜 27	803	峰 1.1002	883.46	力调费	312.41
	121.23	115.74	160	铁 490	619	平 0.6601	408.6		140.03
	71.79	67.8	160	加减	450	谷 0.32	144		45.17
	334.06	317.47	160	扣 1299	抄 2654				
				铜 11		峰		力调费	
				铁 201	1299	平 0.8289	1076.74		374.98
				加减		谷			
	8878.19	8823.83	20	扣	抄 1087				
				铜		峰		力调费	
				铁		平			
				加减		谷			
				扣	抄				
金额合计¥	14345.39		金额(大写)	壹万肆仟叁佰肆拾伍元叁角玖分				违约金¥	
已收金额¥	25909.23		应补金额¥	0		账户余额¥	11563.84	小计金额¥	14345.39
销售单位	××供电公司		开票地址	××供电所		抄表员	2800203420	收费员	2800201204

图9-3-1　高压客户电费发票样张

××省电力公司通用机打发票

核　查　联

注:本发票作为核查,不作收费报销凭证

开票日期:20160319　　　　行业分类电力

页数	1 / 1		供电服务热线:95598			纳税号	321088××××××441		
户名	××××××有限公司			段户号	100××××149 ①　3	开户行			
地址	××镇工业园区			总户号	97××××1045　1	账号			201602 月
基本电费	受电容量	需量示数	乘率	实际需量	核准需量数	超核准需量	计费容量	单价	金额（元）
	500	0.1962	160	31	200 ②	0	200	40	8000
无功电量	本月示数	上月示数	乘率	加减电量	实用电量	功率因数	54 %	增减率	④ 37 %
	192.96	184.56	160 ③	铜 101	无功总 4923	项目　单价	金额（元）	项目　单价	金额（元）
	1.52	1.21	160	铁 3528	有功总 3171				
				加减 0	抄 1344			力调费	2960
有功电量	9.25	9.25	160			尖峰 1.1002	0		0
	131.77	124.66	160	铜 27	803	峰 1.1002	883.46	力调费	312.41
	121.23	115.74	160	铁 490	619	平 0.6601	408.6		140.03
	71.79	67.8	160	加减	450	谷 0.32	144		45.17
	334.06	317.47	160	扣 1299	抄 2654				
		⑤		铜 11		峰 ⑦		力调费	⑧
				铁 201	1299	平 0.8289	1076.74		374.98
				加减		谷			
	8878.19	8823.83	20	扣 ⑥	抄 1087				
				铜		峰		力调费	
				铁		平			
				加减		谷			
				扣	抄				
金额合计¥	14345.39		金额(大写)	壹万肆仟叁佰肆拾伍元叁角玖分				违约金¥	
已收金额¥	25909.23 ⑨		应补金额¥	0		账户余额¥	11563.84	小计金额¥	14345.39
销售单位	××供电公司		开票地址	××供电所		抄表员	2800203420	收费员	2800201204

图9-3-2　高压客户电费发票

①—用电客户的基本档案；②—受电容量及基本电费；③—无功抄见电量及无功变压器损耗电量；④—功率因数及增减率；⑤—有功抄见电量；⑥—有功变压器损耗电量；⑦—主分表及各时段计费电量、电价、电费；⑧—力调电费；⑨—电费预收及电费结存

（三）电费计算

高压用电客户的电费的主要组成：

总电费=电度电费（含代征费用）+基本电费+功率因数调整电费

1. 基本电费

（1）基本电费的概念。基本电价是代表电力企业中的容量成本，即固定资产的投资费用。

（2）基本电费的收取范围。凡以电为原动力，或以电冶炼、烘焙、熔焊、电解、电化的一切工业生产，受电变压器总容量（含高压电机）在315kVA及以上者。

（3）基本电费的计算。

基本电费=计费容量（需量）×基本电价

2. 电度电费

（1）有功、无功总电量的计算公式为

有功总电量=主表抄见有功总电量+变压器有功损耗电量+有功线损电量

其中：有功线损电量=（主表抄见电量+变压器有功损耗电量）×有功线损系数

无功总电量=主表抄见正向无功电量+|主表抄见正向无功电量–变压器无功损耗电量|+无功线损电量

主表应收有功电量=主表抄见有功总电量+变压器有功损耗电量+线损有功电量+传票电量–转供有功电量–分表应收有功电量–定量电量–定比电量

高供高计分表应收有功电量=分表表计有功总电量

高供低计分表应收有功电量=分表表计有功总电量+分摊变压器有功损耗电量

（2）表计电量的计算公式为

表计电量=（本月示数–上月示数）×综合倍率

计量装置的综合倍率=TV变比×TA变比×电能表自身倍率

（3）变压器损耗电量。高供低计加收变压器损耗，高供高计、低供低计不加收变压器损耗。

计量方式为高供低计时，变压器铁损和铜损可按照不同用电类别的用电量分摊计算。若某用电类别采用定量时不分摊变压器铁损和铜损。即

有功损耗=有功铁损+有功铜损

有功损耗分为空载损耗和负载损耗两部分。空载损耗由励磁电流通过电阻的损耗（铜损）和在绝缘上加了电压引起的介质损耗及铁损三者组成。因为铜损和介质损耗比铁损小得多，所以通常将铁损视作变压器的空载损耗。负载损耗又称铜损，它是变压器负荷电流在一次、二次绕组电阻中产生的有功功率损耗。即

有功铁损=有功空载损耗×720

有功铜损=有功电量×有功损耗系数

有功损耗系数：变压器容量在4000kVA及以上为0.005，变压器容量在315kVA以上为0.01，变压器容量在315kVA及以下为0.015。

无功损耗=无功铁损+无功铜损

无功铁损=无功空载损耗×720

$$无功空载损耗=\sqrt{\left(\frac{I_0\%}{100}\times S_e\right)^2-W_0^2}$$

$$无功铜损=有功铜损\times无功K值$$

$$无功K值=铜损无功/铜损有功=\sqrt{\frac{\left(\frac{U_K\%}{100}\times S_e\right)^2-W_f^2}{W_f}}$$

备注：用电计量装置原则上应装在供电设施的产权分界处。如产权分界处不适宜装表的，对专线供电的高压客户，可在供电变压器出口装表计量；对公用线路供电的高压客户，可在客户受电装置的低压侧计量。当用电计量装置不安装在产权分界处时，线路与变压器损耗的有功与无功电量均须由产权所有者负担。在计算客户基本电费（按最大需量计收时）、电度电费及功率因数调整电费时，应将上述损耗电量计算在内。电费计算时：高供低计加收变压器损耗，高供高计、低供低计不加收变压器损耗；计量方式为高供低计时，变压器铁损和铜损可按照不同用电类别的用电量分摊计算。

对于本计算期有变更用电的用电客户，如有计费参数发生变化（如客户电价变化、基本电费算法变化、变压器容量变化、功率因数标准变化、计量方式变化、过户、改类等）的业务变更，变更前后分别按实用天数计算；如仅换表，而未发生上述计费参数变化的，按正常方式计算。

（4）线损电量。线损电量的计算公式分别为

有功定值线损电量=有功线损定值；无功线损=无功线损定值

有功定比线损电量=（有功总抄见电量+总有功变损）×有功线损系数

无功定比线损电量=（无功总抄见电量+总无功变损）×无功线损系数

（5）传票电量。因计量故障、计量差错或营业差错而造成的少计或多计电量而有传票产生的退补电量（反映在发票的“加减”栏，故也称为加减电量）。

（6）定比定量电量。在客户受电点内难以按电价类别分别装设用电计量装置时，可装设总的用电计量装置，然后按其不同电价类别的用电设备容量的比例或实际可能的用电量，确定不同电价类别用电量的比例或定量进行分算，分别计价。供电企业每年至少对上述比例或定量核定一次，客户不得拒绝。若某用电类别采用定量时不分摊变压器铁损和铜损。

定比电量=（母表总抄见电量+变压器损耗电量）×定比值

定量电量=定量值×抄表周期，定量值必须为大于1的整数。

（7）转供电量。向被转供户供电的公用线路与变压器的损耗电量应由供电企业负担，不得摊入被转供户用电量中。在计算转供户用电量、最大需量及功率因数调整电费时，应扣除被转供户、公用线路与变压器消耗的有功、无功电量。

（8）峰谷分时电量计算。峰谷分时电价执行范围：100kVA（kW）及以上工业客户。电力与热力的生产和供应、燃气的生产和供应、水的生产和供应、电气化铁路、船舶岸基供电设施用电不执行峰谷分时电价政策。

执行分时电价时各时段电量计算：

峰（谷）段应收电量=主表应收有功电量×［主表峰（谷）段有功电量÷（主表平段有功电量+主表峰段有功电量+主表谷段有功电量）］

平段应收电量=主表应收有功电量–峰段应收电量–谷段应收电量

（9）主分表电量的扣减计算。首先扣减被转供户的电量，其次扣减实抄分表电量，再次扣减定比定量电量。若用电客户是转供户，则其被转供户统一视为分表参与电量计算。转供户转供出去的电量不参与其自身的电费结算，应从转供户中扣除。

3. 功率因数调整电费计算

（1）功率因数电费的概念。

除临时用电、工业企业的保安电源、执行居民生活电价的路灯和城市亮化用电、居民客户及与住宅建筑配套的消防设施、电梯、水泵、公灯外，凡受电容量在100kVA（kW）及以上的高、低压客户均执行《功率因数调整电费办法》，计算功率因数均包括照明的有功、无功电量，计算功率因数调整电费时均包括照明电费。

若照明表与动力表并接且照明表不具备记录无功电量功能的，照明电量不参加功率因数计算，照明电费也不参加功率因数调整电费。功率因数计算应按照每路电源分别进行。

（2）功率因数标准分类。

0.90标准值的适用范围：① 160kVA以上的高压供电工业客户（包括社队工业客户）；② 装有带负荷调整电压装置的高压供电电力客户；③ 3200kVA及以上的高压供电电力排灌站。

0.85标准值的适用范围：① 100kVA（kW）及以上的其他工业客户（包括社队工业客户）；② 100kVA（kW）及以上的非工业客户客户；③ 100kVA（kW）及以上的电力排灌站。

0.80标准值的适用范围：100kVA（kW）及以上的农业户和趸售客户，但大工业客户未划由电业直接管理的趸售客户功率因数标准应为0.85。

（3）功率因数计算。

$$\cos\phi=\cos\left[\arctan\left(\frac{\text{无功总电量}}{\text{有功总电量}}\right)\right]=\cos\left[\tan^{-1}\left(\frac{\text{无功总电量}}{\text{有功总电量}}\right)\right]$$

客户功率因数不用瞬时值而用月加权平均值，功率因数计算一律取小数后两位为止，二位以后四舍五入。

（4）增减率计算。

1）查表法：根据用电功率因数查算表对照结算。

2）公式法：

a. 考核标准为0.90时：

$\cos\Phi \geqslant 0.95$：$zj=-0.75$

$\cos\Phi \geqslant 0.91$：$zj=(0.9-\cos\Phi)\times 15$

$\cos\Phi \geqslant 0.70$：$zj=(0.9-\cos\Phi)\times 50$

$\cos\Phi \geqslant 0.65$：$zj=(0.7-\cos\Phi)\times 100+10$

$\cos\Phi < 0.65$：$zj=(0.65-\cos\Phi)\times 200+15$

b. 考核标准为0.85时：

$\cos\Phi \geqslant 0.94$：$zj=-1.10$

$\cos\Phi \geqslant 0.91$：$zj=(0.90-\cos\Phi)\times15-0.5$

$\cos\Phi \geqslant 0.85$：$zj=(0.85-\cos\Phi)\times10$

$\cos\Phi \geqslant 0.65$：$zj=(0.85-\cos\Phi)\times50$

$\cos\Phi \geqslant 0.60$：$zj=(0.65-\cos\Phi)\times100+10$

$\cos\Phi < 0.60$：$zj=(0.60-\cos\Phi)\times200+15$

式中：zj为功率因数电费增减率，%；zj为负值时减收功率因数调整电费；zj为正值时加收功率因数调整电费。

（5）功率因数调整电费。其计算公式为

$$功率因数调整电费=（电度电费-代征费用+基本电费）\times增减率$$

$$代征费用=应收电量\times代征价格$$

4. 电费违约金

《供电营业规则》第八章“供用电合同与违约责任”第九十八条规定：客户在供电企业规定的期限内未交清电费时，应承担电费滞纳的违约责任。电费违约金从逾期之日起计算至交纳日止。每日电费违约金按下列规定计算：

其他客户：当年欠费部分，每日按欠费总额的千分之二计算；跨年度欠费部分，每日按欠费总额的3/1000计算；电费违约金收取总额按日累加计收，总额不足1元者按1元收取。

三、高压客户电费计算中常见问题及处理方法

（1）客户电价执行、功率因数调整电费标准的确认错误。

电费复核最主要的工作是确保电费计算的正确性。而如果客户的电价执行错误、功率因数调整电费标准搞错，根本就无法保证电费计算的正确性。而实际上在电费复核过程中发现最多的问题也是电价执行错误及功率因数调整电费标准出错的问题。特别是当客户进行变更用电时，营业部门的工作人员会经常忽视修改客户的电价类别，结果造成电费计算的错误。

为避免这类问题发生，一方面要求供电企业加强对综合柜员的业务知识培训和工作责任心的教育，另一方面要求至少以县级供电企业为单位，建立严密的管理制度、操作流程和考核规定，对涉及电费计算参数确定的工作，要通过营业部门初定、抄表人员复核，经电费核算人员最终把关后，方可进行正式的电费计算。

（2）客户抄表日期调整，未对客户的基本电费及变压器损耗进行退补。

大工业客户的基本电费及高供低计客户的变压器损耗，均应以天为最小单位进行计算。在变更容量时，因有严格的流程（传票）作保障，并需经过多道工序、涉及多个部门才可完成，故出现差错的概率相对较少，而如果只是单纯调整客户的抄表日期，情况就大不一样了，它一般只需要在电费管理部门内部操作即可完成，电量电费的退补工作就很容易被忽视。

在实践中，调整抄表日期的当月，未按规定对客户的基本电费及变压器损耗等进行退补，结果造成向客户多收或少收电费的现象时有发生。

（3）采用最大需量计算基本电费的客户，需量值异常。

客户的最大需量是指客户在本结算周期内，每15min内的最大平均负荷。抄表人员在抄表时取得的最大需量值，将直接决定客户结算基本电费的数量，所以对按需量结算基本电费的大工业客户正确取得最大需量值相当重要。

在正常营业过程未正确取得最大需量的情况主要有两种情形：① 对于安装普通需量表的客户，抄表时未正确读取需量表的需量值或对需量表未及时复位；② 对于安装多功能电能表记录需量值的客户，电能表设置的抄表时间（即需量的自动复位时间）与实际抄表时间不对应，造成需量记录不正确。在电费复核时，当发现客户参与电费计算的需量值存在明显异常时，电费复核人员应及时与抄表人员、用电检查人员取得联系，请他们到客户现场确定。为避免影响其他客户的正常结算，未正式确定前，可考虑先按客户申请的需量限值计算电费，然后根据实际值单独作退补来进行修正。

一般的多功能电能表在记录当月最大需量的同时，还记忆着本月最大需量发生时间及保存着上月最大需量值和需量发生时间。在保证电能表的设定抄表日与实际抄表日一致的前提下，如果能要求抄表工作人员在抄录电能表本月最大需量的同时，将最大需量发生时间及上月最大需量值、需量发生时间同步抄录，这样将能有效地保证客户基本电费结算的正确性。

（4）多电源客户未建立好主备关系，造成基本电费计算出错。

按照规定，互为备用的多电源客户在计算客户的基本电费时，应根据客户的实际运行方式，按可能占用系统资源的最大量来计算基本电费。一般供电企业的电费计算均由计算机系统来自动完成，如果在档案初始化时，将多路供电客户不同电源间的关联关系遗漏，也就无法保证正确地计算电费了。

这种情况，在实际工作中也时有发生，特别是当多回路电源还要求在实际变更之日，完成对客户计费电能表的调换工作（或通知抄表部门完成对原电能表数据的特抄工作），以保证电费计算的合理性。

（5）暂停客户电量异常。

正常情况下，客户申请变压器暂停当月，一般都将引发电量电费的波动（突变）。特别是对办理全容量暂停的客户，在实施暂停后还有电量发生，就证明具体的营业工作一定发生了差错，出现了漏洞。

如果在电费复核时发现了此类问题，电费复核人员应立刻通知相关权限部门及时查找原因，并督促相关部门完成对客户电量电费的退补工作。

（6）故障调换电能表、互感器后未追补电量。

客户计量装置故障一般都会漏计电量；带电调换计费电能表，调换过程中需短接电流互感器，也存在有电量退补的问题。但在实际电费复核时，经常会遇到有计费电能表、互感器的调换记录，而没有电量退补的联系单（传票）的现象，此部分电量也需要通过退补的形式进行补收。

思考与练习

（1）基本电费执行的范围是什么？

（2）高压客户峰谷分时电费计算的法则是什么？

（3）功率因数调整电费执行的范围及标准分类是什么？

第 10 章

新型营销业务

模块 1　清洁能源业务咨询及受理（ZHGY10001）

模块描述

本模块主要介绍清洁能源中太阳能分布式电源。通过概念描述、流程介绍、政策解读，掌握分布式光伏并网业务流程中各环节工作要求和服务时限。

模块内容

清洁能源即绿色能源，是指不排放污染物，能够直接用于生产生活的能源，它包括核能和“可再生能源”。可再生能源是指原材料可以再生的能源，如水力发电、风力发电、太阳能、生物能（沼气）、地热能（包括地源和水源）、海洋能等这些能源。

一、分布式光伏发电并网适用范围

分布式电源是指在客户所在场地或附近建设安装、运行方式以客户侧自发自用为主、多余电量上网，且在配网系统平衡调节为特征的发电设施或有电力输出的能量综合梯级利用多联供设施，包括太阳能、天然气、生物质能、风能、地热能、海洋能、资源综合利用发电等。适用于以下两种类型分布式电源（不含小水电）：

第一类：10kV 及以下电压等级接入，且单个并网点总装容量不超过 6MW 的分布式电源。

第二类：35kV 电压等级接入，年自发用电量比例大于 50%的分布式电源，或 10kV 电压等级接入且单个并网点总装机容量超过 6MW，年自发自用电量比例大于 50%的分布式电源。

接入点为公共连接点、发电量全部上网的发电项目，小水电，除第一、第二类以外的分布式电源项目，本着简便高效原则，根据项目发电性质（公用电厂或企业自备电厂），执行国家电网公司常规电源相关管理规定并做好并网服务。

二、分布式光伏并网业务办理

分布式光伏并网业务办理流程及要求见表 10–1–1。

表 10–1–1　　分布式光伏并网业务办理流程及要求

业务流程	企业客户	居民客户
客户提交并网申请	服务方式：在当地供电营业厅提交光伏并网申请，递交申请所需资料	服务方式：在当地供电营业厅提交光伏并网申请，递交申请所需资料

续表

业务流程	企业客户	居民客户
客户提交并网申请	申请资料：① 经办人身份证原件、复印件和法定代表人身份证原件、复印件（或法人委托书原件）。② 企业法人营业执照、税务登记证、组织机构代码证、土地证等项目用地合法性支持文件；如客户已办理三证合一，可提供三证合一后的新证原件和复印件。③ 政府投资主管部门同意项目开展前期工作的批复（需核准项目）。④ 发电项目前期工作及接入系统设计所需资料（发用电设备相关资料）。⑤ 用电电网相关资料（仅适用大工业客户）。⑥ 合同能源管理项目、公共屋顶光伏项目，建筑物及设施使用或租用协议	申请资料：① 身份证原件及复印件；② 房产证或其他房屋使用的证明文件；③ 对于住宅小区居民使用公共区域建设分布式电源，需提供物业、业主委员会或居民委员会的同意建设证明
供电公司现场勘查	服务方式：受理并网申请后，当地供电公司会与客户预约时间勘察现场	服务方式：受理并网申请后，当地供电公司会与客户预约时间勘察现场
	服务时限：自受理并网申请之日起2个工作日内完成	服务时限：自受理并网申请之日起 2 个工作日内完成
供电公司答复接入方案	服务方式：当地供电公司依据国家、行业及地方相关技术标准，结合项目现场条件，免费制订接入系统方案，并通过书面方式答复	服务方式：当地供电公司依据国家、行业及地方相关技术标准，结合项目现场条件，免费制订接入系统方案，并通过书面方式答复
	服务时限：自受理并网申请之日起20个工作日（多点并网的30个工作日）内完成	服务时限：自受理并网申请之日起15个工作日内完成
客户提交接入系统设计文件	服务方式：380（220）V多点并网或10kV并网的项目，客户在正式开始接入系统工程建设前，需自行委托有相应设计资质的单位进行接入系统工程设计，并将设计材料提交当地供电公司审查	无
	设计审查所需资料：① 设计单位资质复印件；② 若委托第三方管理，提供项目管理方资料（工商营业执照、与客户签署的合作协议复印件）；③ 项目可行性研究报告；④ 接入工程初步设计报告、图纸及说明书；⑤ 隐蔽工程设计资料；⑥ 高压电气装置一、二次接线图及平面布置图；⑦ 主要电气设备一览表；⑧ 继电保护、电能计量方式	无
供电公司答复设计文件审查意见	服务方式：当地供电公司依据国家、行业、地方、企业标准。对客户的接入系统设计文件进行审查，出具答复审查意见。客户根据审查意见开展接入系统工程建设等后续工作。若审查不通过，供电公司提出修改意见；若客户需要变更设计，应将变更后的设计文件再次送审，通过后方可实施	无
	服务时限：自收到设计文件之日起5个工作日内完成	无
客户工程施工	服务方式：客户可以根据接入方案答复意见和设计审查意见，自主选择具备相应资质的施工单位实施分布式太阳能发电本体工程及接入系统工程。工程应满足国家、行业及地方相关施工技术及安全标准	服务方式：客户可以根据接入方案答复意见和设计审查意见，自主选择具备相应资质的施工单位实施分布式太阳能发电本体工程及接入系统工程。工程应满足国家、行业及地方相关施工技术及安全标准
客户提交并网验收及调试申请	服务方式：太阳能发电本体工程及接入系统工程完成后，客户可向当地供电公司提交并网验收及调试申请，递交验收调试所需资料	服务方式：太阳能发电本体工程及接入系统工程完成后，客户可向当地供电公司提交并网验收及调试申请，递交验收调试所需资料
	验收调试所需资料：① 施工单位资质复印件［承装（修、试）电力设施许可证］；② 主要电气设备技术参数、形式认证报告或质检证书，包括发电、逆变、变电、断路器、开关等设备；③ 并网前单位工程调试报告（记录）；④ 并网前单位工程验收报告（记录）；⑤ 并网前设备电气试验、继电保护装置整定，通信设备、电能计量装置安装、调试记录；⑥ 并网启动调试方案；⑦ 项目运行人员名单及专业资质证书复印件。220V项目需①②④项资料；380V项目需①～⑤项资料；10kV项目需①～⑤及⑦项资料；35kV及以上项目需①～⑦项资料	验收调试所需资料：① 施工单位资质复印件［承装（修、试）电力设施许可证］；② 主要电气设备技术参数、形式认证报告或质检证书，包括发电、逆变、变电、断路器、开关等设备；③ 并网前单位工程调试报告（记录）；④ 并网前单位工程验收报告（记录）；⑤ 并网前设备电气试验、继电保护整定、通信联调、电能量信息采集调试记录。220V 项目需①②④项资料；380V 项目需①～⑤项资料

续表

业务流程	企业客户	居民客户
供电公司安装表计并与客户签订合同、协议	服务方式：在正式并网前，当地供电公司完成相关计量装置的安装，并与客户按照平等自愿的原则签订《发用电合同》（10kV并网的还需签订《电网调试协议》），约定发用电相关方的权利和义务	服务方式：在正式并网前，当地供电公司完成相关计量装置的安装，并与客户按照平等自愿的原则签订《发用电合同》，约定发用电相关方的权利和义务
	服务时限：自受理并网验收及调试申请之日起5个工作日内完成	服务时限：自受理并网验收及调试申请之日起5个工作日内完成
供电公司完成并网验收调试	服务方式：当地供电公司安排工作人员上门为客户免费进行并网验收调试，出具《并网验收意见书》。对于并网验收合格的，调试后直接并网运行；对于并网验收不合格的，当地供电公司将提出整改方案，直至并网验收通过	服务方式：当地供电公司安排工作人员上门为客户免费进行并网验收调试，出具《并网验收意见书》。对于并网验收合格的，调试后直接并网运行；对于并网验收不合格的，当地供电公司将提出整改方案，直至并网验收通过
	服务时限：自表计安装完毕及合同、协议签署完毕之日起10个工作日内完成	服务时限：自表计安装完毕及合同、协议签署完毕之日起10个工作日内完成

注 企业客户分布式光伏并网业务承诺在受理申请后的40个工作日（多点并网的50个工作日）（不含客户的光伏发电本体工程和接入系统工程施工时间）内办结所有并网业务。居民客户分布式光伏并网业务承诺在受理申请后的30个工作日（不含客户的光伏发电本体和接入系统工程施工时间）内办结所有并网业务。

三、相关说明

（1）根据《分布式光伏发电项目管理暂行办法》（国能新能〔2013〕433号）、《国家能源局关于进一步加强光伏电站建设与运行管理工作的通知》（国能新能〔2014〕445号）等文件规定，分布式光伏发电项目采用的光伏电池组件、逆变器等设备须采用经国家认监委批准的认证机构认证的产品，符合相关接入电网的技术要求；承揽分布式光伏发电项目设计、施工的单位应根据工程性质、类别及电压等级具备政府主管部门颁发的相应资质等级的承装（修、试）电力设施许可证；分布式光伏发电项目的设计、安装应符合有关管理规定、设备标准、建筑工程规范和安全规范等要求。

（2）根据国家相关规定，分布式光伏发电项目结算上网电费、获得国家补贴还应：

1）按照《国家能源局关于实行可再生能源发电项目信息化管理的通知》（国能新能〔2015〕258号）要求。在项目核准（备案）、申请并网、竣工验收等关键环节前后，及时登录国家能源局网站的可再生能源发电项目信息管理平台填报项目建设和运行的相关信息，以纳入国家补助资金目录。

2）按照相关手续完成备案并建成并网。

3）至当地工商行政管理部门变更相应的经营范围。

4）按合同约定的结算周期，客户经与当地供电公司确认后，根据当地供电公司提供的上网电费及发电补贴结算单，前往所在地市国税部门开具相应增值税发票并提供给供电公司，当地供电公司审核项目收款人信息、发票金额，核对一致后，按照合同约定的收款单位账户信息及时通过转账方式支付上网电费和补助资金。居民项目由当地供电公司按照国家规定直接代开票，无需自行前往国税部门开票。

（3）电网企业在并网申请受理、接入系统方案制订、设计审查、计量装置安装、合同和协议签署、并网验收和并网调试、国家补贴计量和结算全过程服务中，不收取任何费用。

（4）一般客户申请并网，会安装两块电能表（双向计量），一块是发电电能表，一块是用电电能表。并网后，用电电能表还需承担计量客户上网电量的功能，此时就需要考虑用电电能表的接线方式、线径、负荷等是否能满足并网后的技术要求，如果不能，则需要客户降低光伏并网容量或者将原先用电电能表进行增容。

思考与练习

（1）客户申请分布式光伏发电并网需提供哪些资料？
（2）分布式光伏发电的补贴有哪些？
（3）分布式光伏发电项目并网验收及调试需提供哪些资料？

模块2 电能替代推广（ZHGY10002）

模块描述

本模块主要介绍电能替代项目界定和管理流程。通过流程介绍、政策解读，了解电能替代的相关规定和办理流程。

模块内容

电能替代是在终端能源消费环节，使用电能替代散烧煤、燃油的能源消费方式，如电采暖、地能热泵、工业电锅炉（窑炉）、农业电排灌、电动汽车、靠港船舶使用岸电、机场桥载设备、电蓄能调峰等。当前，我国电煤比重与电气化水平偏低，大量的散烧煤与燃油消费是造成严重雾霾的主要因素之一。电能具有清洁、安全、便捷等优势，实施电能替代对于推动能源消费革命、落实国家能源战略、促进能源清洁化发展意义重大，是提高电煤比重、控制煤炭消费总量、减少大气污染的重要举措。稳步推进电能替代，有利于构建层次更高、范围更广的新型电力消费市场，扩大电力消费，提升我国电气化水平，提高人民群众生活质量。同时，带动相关设备制造行业发展，拓展新的经济增长点。

一、电能替代项目界定

电能替代项目是指使用电能替代以煤、油、气等终端能源的项目。目前电能替代技术主要有以下几种：

（1）电锅炉。采用电锅炉（包括直热式电锅炉、蓄热式电锅炉、电气混合型电锅炉等技术）替代燃煤（油、气）锅炉。

（2）电窑炉。采用电热隧道窑替代燃煤、燃气隧道窑，采用铸造中频炉替代燃煤冲天炉。

（3）冶金电炉。采用铸造中频炉替代燃煤冲天炉。

（4）船舶岸电。采用船舶岸基供电技术替代船舶辅助柴油发电机。

（5）热泵。采用污水源热泵、水源热泵、地源热泵和空气源热泵技术替代集中采暖。

（6）冰蓄冷。采用冰蓄冷空调替代使用燃气的溴化锂制冷机组。

（7）分散电采暖。采用发热电缆、炭晶取暖替代燃煤锅炉取暖。

（8）电厨炊。采用电磁炉、电饭煲等电器替代煤气炉等厨炊用具。

（9）农业辅助生产。采用电动制氧机、电保温等技术替代燃煤保温取暖。

（10）其他替代技术。龙门吊“油改电”、油田钻机“油改电”、机场桥载设备替代飞机APU等其他替代技术。

二、电锅炉替代燃煤（油）锅炉的奖励范围、标准、流程及兑现

1. 范围

自《电锅炉替代三年行动计划》文件下发之日起至2018年12月31日，在江苏境内实施电锅炉替代燃煤（油）锅炉改造的政府机关、事业单位、企业和个人客户可按规定享受电量奖励。

2. 标准

根据《电锅炉替代三年行动计划》文件规定，对于电锅炉替代燃煤（油）锅炉改造项目按照蒸发量给予电量奖励。大工业锅炉每蒸吨（700kW）奖励谷段电量31万kWh，服务于一般工商业及其他和农业生产的蓄能式锅炉每蒸吨（700kW）奖励谷段电量27万kWh，直热式锅炉每蒸吨（700kW）奖励谷段电量12万kWh。锅炉容量（蒸吨或kW）以改造前的燃煤（油）锅炉容量为奖励计算标准。

鼓励客户使用低谷电量，促进削峰填谷，对实施蓄能式电锅炉替代燃煤（油）锅炉的执行大工业用电价格的客户，按其电锅炉低谷使用电量每千瓦时奖励0.078kWh；对实施蓄能式电锅炉替代燃煤（油）锅炉的执行一般工商业用电价格和执行农业生产用电价格的客户，按其电锅炉低谷使用电量每千瓦时奖励0.067kWh。

实施电锅炉替代的客户，优先纳入电力直接交易范围，其电锅炉使用的低谷电量可作为直接交易电量。

3. 流程

需提供的申报材料：

（1）燃煤（油）锅炉改造电锅炉项目竣工报告。

（2）原燃煤（油）锅炉及替代后的电锅炉等相关设备购置合同及发票复印件。

（3）奖励申请表。

审核审批流程：

（1）申报客户向当地供电公司提交申报材料，申报材料不齐全、相关签字改造存在缺失的，当地供电公司应协助申报客户完善资料，如无法提供相关证明的，可不予受理。

（2）当地供电公司收集和初步审核客户申报材料后统一报市经信委、市物价局审核，审核通过后，由地市供电公司汇总后统一报省电力公司。

（3）省电力公司收集各市申报材料后统一报省经信委、省物价局审批。

（4）市县供电公司接到省经信委、省物价局审批结果后，应在一个月内完成客户电锅炉设施的装表计量工作，由省电力公司按相关规定统一安排进行电量奖励。

（5）为鼓励客户改造积极性，及时将奖励发放到位，奖励申报工作每月组织一次。

市县供电公司应在每月10日前收集奖励申请并报市相关部门审核，每月15日前由市供电公司汇总将审核后的清单和相关材料报省电力公司，省电力公司应在每月20日前汇总相关材料报省经信委、省物价局审核，省经信委、省物价局应在 5 个工作日内完成审核，并通知省电力公司发放相关奖励，首次申领工作于 2016 年 12 月开始，至 2018 年 12 月 31 日结束。

4. 兑现

（1）奖励发放自客户电锅炉设施单独装表计量当月开始，仅针对电锅炉使用的低谷电量。

（2）奖励通过退补电费的方式一次性退还至客户营销系统账户内。

（3）运行奖励每季度执行一次，至 2018 年 12 月 31 日结束。

思考与练习

（1）电能替代有哪些项目？

（2）电锅炉替代燃煤（油）锅炉的奖励范围、标准、流程及兑现是什么？

模块 3 充换电设施用电咨询及受理（ZHGY10003）

模块描述

本模块主要介绍充换电设施的用电报装、服务时限、业务费用、电价政策和“车联网”电动汽车充电网络平台业务。通过概念描述、流程介绍，掌握充换电设施用电业扩报装流程和时限要求，了解“车联网”平台的使用方法。

模块内容

充换电设施是指与电动汽车发生电能交换的相关设施的总称，一般包括充电站、换电站、充电塔、分散充电桩等。

一、充换电设施用电报装业务种类

充换电设施用电报装业务分为以下两类：

第一类：居民客户在自有产权或拥有使用权的停车位（库）建设的充电设施。申请时宜单独立户，发起低压非居民流程。

第二类：其他非居民客户（包括高压客户）在政府机关、公用机构、大型商业区、居民社区等公共区域建设的充换电设施。

非居民客户的充电设施按照设施用途可分为两类：

（1）自建自用，非经营性质。

（2）对外提供充换电服务，具有经营性质，主要是指政府相关部门颁发营业执照的，且营业执照中的经营范围明确了允许开展电动汽车充换电业务的合法企业，在一个固定集中的场所，开展充换电业务。

二、充换电设施用电报装所需资料

低压客户需提供以下资料：

（1）用电申请表；

（2）客户有效身份证明；

（3）固定车位产权证明或产权单位许可证明；

（4）街道办事处或物业出具同意使用充换点设施及外线接入施工的证明材料；

（5）充电桩技术参数材料。

高压客户需提供以下资料：

（1）用电申请表；

（2）客户有效身份证明（包括营业执照或组织机构代码证）；

（3）固定车位产权证明或产权单位许可证明（包括土地或房产证明）；

（4）充电桩技术参数资料；

（5）高压客户责任充电换设施外线接入部分所涉及的政策处理、市政规费、青苗赔偿。

注：除以上材料外，还需提供供电公司需要的其他材料，具体以营业厅办理为准。

三、充换电设施用电报装业务办理流程

现场勘察工作时限：受理申请后，低压客户1个工作日完成现场勘察；高压客户2个工作日内完成现场勘察。

答复供电方案工作时限：自受理之日起低压客户2个工作日内完成；高压客户单电源15个工作日内完成，双电源30个工作日内完成。

设计审查工作时限：受理设计审查申请后5个工作日内完成。若项目业主因自身原因需要变更设计的，应将变更后的设计资料再次送审，审核通过后方可实施。

在供电方案确认后1个工作日内，营销部（客户服务中心）书面通知基建部或运维检修部（检修分公司）开展配套接入工程施工。

工程建设阶段时限要求：低压客户，在供电方案答复、完成施工设计工作并移交项目管理部门后，在5个工作日内完成配套接入工程建设。高压客户，在供电方案答复后，对于10kV业扩项目，在60个工作日内完成配套接入工程建设；对于35kV及以上业扩项目，其配套接入工程按照合理工期实施。

竣工检验工作时限：在受理竣工检验申请后，低压客户1个工作日、高压客户5个工作日内完成。

装表接电工作时限：低压客户在竣工验收合格后当场装表接电，高压客户5个工作日内完成。

四、充换电设施用电收费

供电公司在充换电设施用电申请受理、设计审查、装表接电等全过程服务中，不收取任何服务费用（包括用电启动方案编制费、高可靠性供电费，负控装置费及迁移费用、复验费等各项业务费用）；对于电动汽车充换电设施，从产权分界点至公共电网的配套接入工程，以及因充换电设施接入引起的公共电网改造，由公司负责投资建设。

五、充换电设施执行电价

对向电网经营企业直接报装接电的经营性集中式充换电设施用电，执行大工业用电价格。2020年前，暂免收基本电费。

其他充电设施按其所在场所执行分类目录电价。其中，居民家庭住宅、居民住宅小区、执行居民电价的非居民客户中设置的充电设施用电，执行居民用电价格中的合表用户电价；

党政机关、企事业单位和社会公共停车场中设置的充电设施用电执行“一般工商业及其他”类用电价格。

充换电设施暂不执行峰谷电价。向电动汽车客户收取电费及充换电服务项两项费用。其中，电费执行国家规定的电价政策，充换电服务费用弥补充换电设施运营成本。2020 年前，对电动汽车充换电服务费实行政府指导价管理。充换电服务费标准上限由省级人民政府价格主管部门或其授权的单位制定并调整。

六、“车联网”简介

“车联网”平台是国家电网公司立足电动汽车产业发展，从围绕“物联网+充电服务”“互联网+出行服务”“大数据+增值服务”“投融资+产业发展”四大业务领域出发，以充换电服务为载体，提供准确、详细的充电桩实时信息，打造“开放、智能、互动、高效”的电动汽车充电网络平台。

截至 2016 年底，车联网平台接入公司 4.4 万个、社会 6.3 万个充电桩，成为国内覆盖面最广、接入数量最多的开放智能充换电服务平台。

1. 充电卡说明及适用范围

充电卡说明及适用范围如下：

（1）充电卡是由国家电网公司为方便电动汽车客户充电消费而统一发行的预付费卡，满足客户随时随地的充值交费购电需求。

（2）充电卡分为实名卡和非实名卡两种形式，实名卡需要客户进行实名登记，并留下联系方式，具有充值、充电、解灰、解锁、挂失、补卡、销卡退费、查询功能，可反复充值，不能透支，不计利息，根据《单用途商业预付卡管理办法（试行）》第十八条规定，余额不超过 5000 元；非实名卡不需要客户进行实名登记，不可换卡、挂失、销卡退费，可反复充值，不能透支，不计利息，余额不超过 1000 元。

（3）个人客户办理实名制充电卡最多只能办理 5 张，集团客户办理实名制充电卡不受张数限制。

（4）充电卡具有充值、充电消费等功能，可在国家电网公司指定电动汽车充电桩使用。

2. 充电卡购买充值及充电流程

充电卡购买充值及充电流程相关内容如下：

（1）充电卡购买。凡在中华人民共和国境内合法注册的企事业单位、机关、团体，具有完全民事行为能力的境内外居民均可在指定营业厅办理充电卡，办理时暂不收取卡片成本费和押金，首次办理应充值不低于 100 元。

（2）充电卡充值。客户可到指定营业厅，通过 POS 机刷卡、支付宝扫码支付、现金为充电卡充值。

（3）充电卡充电流程。电动汽车客户到达国家电网公司经营的充电桩进行充电，首先连接充电插头，选择充电方式“充电卡”，设置充电金额，刷卡开始充电，停止充电时再次刷卡，结算后断开插头。

3. 售卡业务规则

（1）实名制开卡业务规则。

1）开卡暂不收取卡片成本费和押金，但需充值不低于100元。

2）充电卡分为非实名制卡和实名制卡，客户类型分为集团客户和个人客户。

3）个人办理实名制卡需要提供本人的联系方式、有效身份证件，企业单位办理企业实名制卡需提供企业营业执照、企业法人有效身份证件和代办人员有效身份证件。

4）办理实名制卡时需要客户设置卡密码。

5）客户换卡、销卡、补卡的旧充电卡不能再次发售。

6）开卡后，应为客户打印充电卡开卡凭证，一式两份并签字确认，客户和营业厅各留存一份。

（2）充值。

1）充值时客户需提供可正常读取卡片信息的充电卡。

2）本省或异省充电卡均可进行充值。

3）非实名制充电卡内余额不超过1000元，实名制卡内存储余额不超过5000元。

4）充电卡充值方式支持现金支付、营业厅POS机刷卡方式，支付宝扫码方式。

5）充值后，应为客户打印充电卡充值凭证，一式两份，客户和营业厅各留存一份。

6）因网络等原因可能充值失败，需在充值失败补录中完成补录操作。

（3）换卡。

1）换卡时，客户需提供原充电卡。

2）原卡遗失或信息不可读取的，不能办理换卡业务。

3）卡内有灰锁记录的，应先联机解扣后再办理换卡业务。

4）换卡暂只在发卡省所辖营业厅办理。

5）换卡后，原卡失效并回收。

6）换卡后，应打印换卡凭证，由客户签字确认。

7）非实名制充电卡不支持换卡业务，转实名制后可换卡。

（4）销卡。

1）销卡时，客户需提供充电卡。

2）充电卡遗失或信息不可读取的，不能办理销卡业务。

3）卡内有灰锁记录的，应先联机解扣后再办理销卡业务。

4）销卡暂只在发卡省所辖营业厅办理。

5）充电卡不可单独退卡内余额，只有销卡时才能退费。

6）销卡退费仅支持退至开卡人银行账户，退款在15个工作日内到账。

7）销卡后，应打印销卡凭证，由客户签字确认。充电卡失效并回收，不得再次使用。

8）非实名制充电卡不支持销卡退费，转实名制后可销卡退费。

（5）挂失解挂。

1）充电卡遗失后，电动汽车客户可持身份证件到指定营业厅进行挂失。

2）挂失后7个工作日内找到原充电卡的，可在指定营业厅申请解挂，挂失7个工作日后永久挂失，不可解挂。

3）挂失及解挂，营业厅必须核实充电卡实名信息，包括手机号、卡号、客户名称、身份证号后可进行挂失解挂。

4）非实名制卡不支持挂失解挂业务。

5）挂失后充电卡被列入黑名单，不可充值及消费等。

（6）补卡。

1）充电卡挂失后，电动汽车客户可持身份证件到指定营业厅进行补卡。

2）挂失 7 个工作日后，持挂失的充电卡到指定营业厅进行补钱，挂失的充电卡余额只可以补到补卡的充电卡中，其他充电卡不能进行补钱。

（7）营业厅发票申请。

1）当电动汽车客户消费后可持充电卡到指定营业厅进行发票申请。

2）个人客户可申请增值税普通电子发票，抬头可为个人或单位。

3）发票申请需在交易完成三个月内完成申请开具，可跨年。

4）超过三个月交易的发票请在“超三个月发票申请”中申请。

5）三个月内的发票申请不需要审核，随时申请，随时下载。

6）发票下载格式为 PDF 格式，请用 PDF 工具打开后打印。

7）因发票抬头填写错误等原因，导致发票申请错误后的，可进行冲红，冲红不可超过 3 次，冲红后可再次申请发票。

8）二维码及账号充电需在 e 充电网站进行申请，电动汽车客户提交发票申请后，由电动汽车公司统一审核，通过后，个人登录网站自行下载。

思考与练习

（1）客户申请充换电设施用电报装需提供哪些资料？

（2）办理电动汽车充换电设施用电是否需要收费？

（3）充换电设施用电执行什么电价？

（4）“车联网”平台的充电卡充值方式有哪些？

模块 4 营业厅智能终端操作（ZHGY10004）

模块描述

本模块主要介绍自助业务办理终端和自助交费终端。通过截图示例、模块介绍，掌握自助业务办理终端和自助交费终端中各模块的操作步骤和异常处理方法。

模块内容

一、自助业务办理终端

自助业务办理终端指导客户自助办理过户、分时、信息查询、实名认证、密码设置等各项业务功能。

1. 开机检测

（1）业务描述。开机时系统自动进行开机检测，确保软、硬件以及网络各项可正常使用。

检测项包括凭条打印机、二代身份证扫描仪、二维码扫描仪、高拍仪、指纹扫描仪等部分。其中指纹扫描仪、身份证扫描仪这两项必须检测通过，才可以单击【进入系统】进入操作主界面，否则需要排除故障后再重新检测，直至这两项通过，自助业务办理终端才能正常启动应用。

（2）开机检测操作说明。自助终端中单击自助业务办理终端应用图标，启动应用并自动进行开机检测。指纹扫描仪、身份证扫描仪等项检测通过后，单击【进入系统】进入主界面，单击【退出】可退出此界面，如图 10–4–1 所示。

图 10–4–1　自助终端设备检测界面

2. 进入主界面

自助终端开机检测通过后进入电力业务办理终端主界面，电力业务办理终端主界面如图 10–4–2 所示。

图 10–4–2　电力业务办理终端主界面

3. 模块介绍

进入主界面可选择【业务办理】、【自助查询】、【档案管理】、【信息公告】等操作。

（1）业务办理。业务办理支持无在途流程，无欠费的低压居民正常用电客户通过自助业务办理终端进行过户、分时申请。

过户或分时操作步骤：

1）打开自助业务办理终端系统，在主界面上业务办理区域单击【过户】或【分时】图标，进入相关业务须知界面。

2）在业务须知界面查看完须知信息后，单击【同意】，进入相关业务办理查询界面。

3）进入办理查询界面，输入户号后单击【确定】，进入新客户身份证扫描界面。支持输入户号进行查询，同时也支持扫描身份证、微信二维码代替输入进行查询。

4）若是扫描身份证号码代替输入进行查询，则先进入客户列表界面，在客户列表界面上选择需过户的客户，之后进入新客户身份证扫描界面。如果输入户号或扫描二维码进行查询，则直接进入新客户身份证扫描界面。

5）若设置为需要房产证，则进入扫描界面，放入需要扫描的文件，单击【拍照】，然后单击【保存】即可保存照片；若对拍的照片不满意，则可选择该照片，单击【删除】。确定照片拍摄无误后，单击【确定】，则进入客户信息界面。

6）进入客户信息界面，输入移动电话，核对信息后，单击【确定】，进入申请信息界面。

7）在申请信息界面中，核对信息，单击【点击签名】，签上新客户名字，单击【打印】可打印相关业务申请表，只能打印一次，打印一次后按钮自动隐藏。单击【确定】，进入预受理。

8）进入预受理界面，不能中途退出流程，只能继续往下传递。若设置为不需要审核，则流程到此完毕，客户需等待后台进行流程审核处理，后台处理完毕后相关业务办理才完成，单击【完成】结束流程传递。若设置为需要审核，则单击【下一步】，进入审核界面。

9）进入经理审核界面，大堂经理根据操作提示，扫描指纹，认证成功并审核资料。根据审核结果，选择【可受理】或【不可受理】。选择【可受理】后单击【确定】，自动完成相关业务流程，进入打印界面。选择【不可受理】后单击【确定】，自动结束流程，进入操作结果界面。

10）经理审核完毕后，选择【可受理】，自动完成相关业务流程，进入打印界面。选择【不可受理】进入操作结果界面。

（2）自助查询。自助查询终端支持客户使用表号、户名、用电地址进行用电信息查询，如图 10–4–3 所示。

（3）档案管理。档案管理支持无在途流程，无欠费的低压居民正常用电客户通过自助业务办理终端进行实名认证申请。支持低压居民正常用电客户使用自助业务办理终端进行密码设置，该操作不需要输入原密码。

实名认证操作步骤：

1）打开自助业务办理终端系统，在主界面上业务办理区域单击【实名认证】图标，进入自助查询界面。

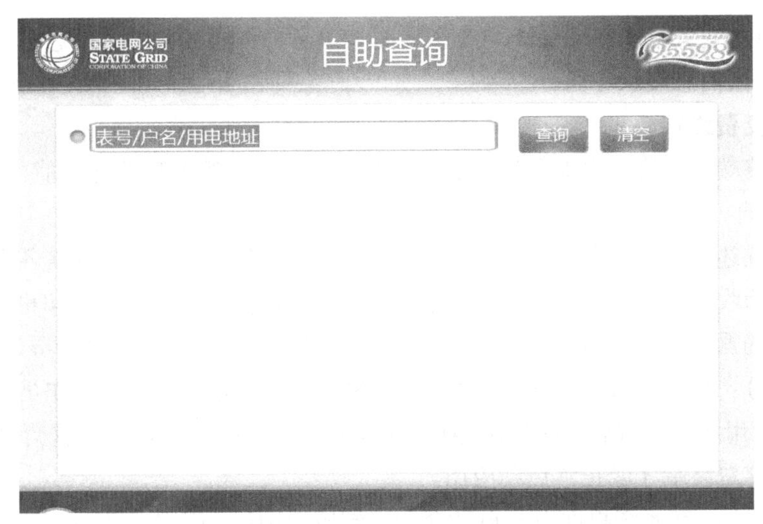

图 10–4–3　自助查询界面

2）进入实名认证查询界面，输入户号后单击【确定】，进入扫描身份证界面。支持输入户号进行查询，同时也支持扫描微信二维码代替输入进行查询。

3）进入扫描身份证界面后，根据提示插入身份证扫描获得身份证信息。若实名认证设置为需要房产证，则进入扫描界面；若设置为不需要房产证，则进入客户信息界面。

4）若设置为需要房产证，则进入扫描界面，放入需要扫描的文件，单击【拍照】，然后单击【保存】即可保存照片；若对拍的照片不满意，则可选择该照片，单击【删除】。确定照片拍摄无误后，单击【确定】，若实名认证设置为需要审核，则进入申请信息界面，若设置为不需要审核，则进入打印界面。

5）若实名认证设置为需要审核，则进入审核界面，若设置为不需要审核，则进入打印界面。进入打印界面，核对信息后，单击【打印凭条】，可以打印业务凭条，只支持打印一次。

6）进入经理审核界面，大堂经理根据操作提示，扫描指纹，认证成功并审核资料。根据审核结果，选择【可受理】或【不可受理】。选择【可受理】后单击【确定】，选择实名认证条件后，单击条件对话框中【确定】，自动完成实名认证流程，进入信息打印界面。选择【不可受理】后单击【确定】，终止流程。

7）经理审核完毕后，选择【可受理】，自动完成实名认证流程，进入信息打印界面。选择【不可受理】终止流程。

密码设置操作步骤：

1）打开自助业务办理终端系统，在主界面上档案管理区域单击【密码设置】图标。

2）根据提示，插入身份证扫描进行身份验证。

3）通过身份验证后，进入客户信息界面，设置新密码，两次输入密码必须一致，设置完毕后单击【确定】，进入设置信息界面，完成密码设置。

4）通过身份验证后，进入设置信息界面，核对客户信息后，设置新密码，两次输入密码必须一致，设置完毕单击【确定】，进入操作结果界面，完成密码设置。

（4）信息公告。信息公告支持所有客户使用信息公告模块查看电力公告。

1）打开自助业务办理终端系统，在主界面上信息公告区域单击【信息公告】图标。

2）进入电力信息展示界面。

二、自助交费终端

自助交费终端指导客户自助办理交费、信息查询、打印等各项业务功能。

1. 开机检测

（1）业务描述。开机时系统自动进行开机检测，确保软、硬件以及网络各项可正常使用。检测项包括纸币收币箱、硬币收币箱、纸币找零箱、硬币找零箱、凭条打印机、发票打印机、二代身份证扫描器、二维码扫描器、银联卡读卡器、密码键盘、LED 显示屏、银联签到、操作员登录等部分。其中收币箱、银联卡读卡器、密码键盘、银联签到、操作员登录这 5 项必须检测通过，应用才会正常启动跳转至操作界面，否则需要排除故障后再重新检测，直至这 5 项通过，自助交费终端才能正常启动应用。

（2）业务描述。在系统桌面单击自助交费终端应用图标，应用启动并自动进行开机检测。开机检测未完成或未通过时不可退出该界面，如图 10–4–4 所示。

图 10–4–4　自助交费终端开机检测界面

2. 进入主界面

自助交费终端开机检测通过后进入电力自助交费终端主界面，主界面如图 10–4–5 所示。

3. 模块介绍

进入主界面可选择【自助交费】、【电费查询】、【发票打印】、【信息公告】展示等操作。

（1）业务办理。业务办理未签订特约委托协议、负控购电协议、卡表购电协议的低压居民客户及低压非居民正常用电客户，可通过自助交费终端进行交费，其中低压居民可以进行现金及银联卡交费，低压非居民只支持银联卡交费，不支持高压客户使用本自助交费终端做任何操作。

现金交费操作步骤：

1）打开自助交费终端系统，在主界面上自助交费区域单击【自助交费】图标，进入自助交费查询界面。

图 10–4–5　电力自助交费终端主界面

2）进入自助交费查询界面，输入 10 位户号单击【确定】按钮或扫描已绑定的身份证、扫描客户户号二维码后，进入客户列表界面或详细信息界面，同时支持手动输入已绑定手机号、身份证号码进行查询。

3）若输入手机号码或身份证号码进行查询时，存在关联多个户号的情况，此时则进入客户列表界面，在客户列表界面上选择交费客户，才能进入该客户的自助交费详细信息界面；若仅关联一户时，类似于输入户号查询的情况。

4）进入客户列表界面，核对信息后，单击单个客户信息即可进入自助交费详细信息界面。

银行卡交费操作步骤：

1）打开自助交费终端系统，在主界面上自助交费区域单击【自助交费】图标，进入自助交费查询界面。

2）进入自助交费查询界面，输入户号或手机号后单击【确认】或直接扫描已关联身份证、户号二维码，系统跳转至客户列表界面或详细信息界面。支持输入户号、手机号、身份证号码进行查询，同时也支持扫描身份证、微信二维码代替输入进行查询。

3）若输入户号查询，则直接进入自助交费详细信息界面；若输入手机号码或扫描身份证存在关联多个户号的情况，则进入客户列表界面，在客户列表界面上选择交费客户，才能进入自助交费客户信息查询结果界面。如果进入客户列表界面，核对信息后，单击某条客户信息，进入自助交费详细信息界面。

（2）电费查询。电费查询针对已开通查询服务密码的低压居民客户与非居民客户，可以使用自助交费终端进行电费查询，包括欠费信息、预存信息、实收电费、电费账单查询。

欠费信息操作步骤：

1）打开自助交费终端系统，在主界面上电费查询区域单击【欠费信息】图标，进入欠费信息查询界面。

2）进入欠费信息查询界面，输入户号、手机号、身份证号码以及服务密码后单击【确认】，进入客户列表界面或详细信息界面。支持输入户号、手机号、身份证号码进行查询，同时也支持扫描身份证、微信二维码代替输入进行查询。

3）若输入户号查询，则直接进入欠费信息详细信息界面。若输入手机号码或身份证号码存在多个关联客户，则进入客户列表界面，在客户列表界面上选择单个客户，才能进入该客户的欠费信息详细信息界面。

预存信息操作步骤：

1）打开自助交费终端系统，在主界面上电费查询区域单击【预存信息】图标，进入预存信息查询界面。

2）进入预存信息查询界面，输入户号、手机号、身份证号码以及服务密码后单击【确认】，进入客户列表界面或详细信息界面。支持输入户号、手机号、身份证号码进行查询，同时也支持扫描身份证、微信二维码代替输入进行查询。

3）若输入户号查询，则直接进入预存信息详细信息界面。若输入手机号码或身份证号码存在多个关联客户，则进入客户列表界面，在客户列表界面上选择单个客户，才能进入该客户的预存信息详细信息界面。

4）进入使用详情界面，查看预存金额的具体使用情况。

实收电费操作步骤：

1）打开自助交费终端系统，在主界面上电费查询区域单击【实收电费】图标，进入实收电费查询界面。

2）进入实收电费查询界面，输入户号、手机号、身份证号码以及服务密码后单击【确认】，进入客户列表界面或详细信息界面。支持输入户号、手机号、身份证号码进行查询，同时也支持扫描身份证、微信二维码代替输入进行查询。

3）若输入户号查询，则直接进入实收电费详细信息界面。若输入手机号码或身份证号码存在多个关联客户，则进入客户列表界面，在客户列表界面上选择单个客户，才能进入该客户的实收电费详细信息界面。

电费账单操作步骤：

1）打开自助交费终端系统，在主界面上电费查询区域单击【电费账单】图标，进入电费账单查询界面。

2）进入电费账单查询界面，输入户号、手机号、身份证号码以及服务密码后单击【确认】，进入客户列表界面或详细信息界面。支持输入户号、手机号、身份证号码进行查询，同时也支持扫描身份证、微信二维码代替输入进行查询。

3）若输入户号查询，则直接进入电费账单详细信息界面。若输入手机号码或身份证号码存在多个关联客户，则进入客户列表界面，在客户列表界面上选择单个客户，才能进入该客户的电费账单详细信息界面。

（3）发票打印。发票打印对已开通查询服务密码的低压居民客户与非居民客户，可以使用自助交费终端进行账单打印、发票打印。

账单打印操作步骤：

1）打开自助交费终端系统，在主界面上发票打印区域单击【账单打印】图标，进入账单打印查询界面。

2）进入账单打印查询界面，输入户号、手机号、身份证号码以及服务密码后单击【确认】，进入客户列表界面或详细信息界面。支持输入户号、手机号、身份证号码进行查询，同时也支持扫描身份证、微信二维码代替输入进行查询。

3）若输入户号查询，则直接进入账单详细信息界面。若输入手机号码或身份证号码存在多个关联客户，则进入客户列表界面，在客户列表界面上选择单个客户，才能进入该客户的账单详细信息界面。

发票打印操作步骤：

1）打开自助交费终端系统，在主界面上发票打印区域单击【发票打印】图标，进入发票打印查询界面。

2）进入发票打印查询界面，输入户号、手机号、身份证号码以及服务密码后单击【确认】，进入客户列表界面或详细信息界面。支持输入户号、手机号、身份证号码进行查询，同时也支持扫描身份证、微信二维码代替输入进行查询。

3）若输入户号查询，则直接进入发票打印详细信息界面。若输入手机号码或身份证号码存在多个关联客户，则进入客户列表界面，在客户列表界面上选择单个客户，才能进入该客户的发票打印详细信息界面。

（4）信息公告。信息公告支持所有客户使用信息公告模块进行电力信息、电力知识的查看。

电力信息操作步骤：

1）打开自助交费终端系统，在主界面上信息公告区域单击【电力信息】图标。

2）进入电力信息展示界面。

电力知识操作步骤：

1）打开自助交费终端系统，在主界面上信息公告区域单击【电力知识】图标。

2）进入电力知识展示界面。

4. 自助交费终端管理

自助交费终端管理支持通过认证的管理员在终端上进行钞箱管理、系统检测、关闭应用、关闭终端、重启终端、异常弹卡、硬币清机、终端锁屏、现金交易查询。钞箱设置中数据必须与实际钞箱情况一致。系统出现故障后，LED 显示器会自动显示故障信息，排除故障后，LED 上故障信息也不会自动消除，需要重新做一次系统检测，检测显示通过之后，LED 显示器才把故障信息清除掉，显示正常信息。

（1）钞箱管理操作步骤：

1）打开自助交费终端系统，在主界面上单击界面的左上角+右上角+右下角 3 个区域，在弹出来的认证对话框中扫描二维码，认证成功后即可打开终端管理界面。

2）进入终端管理界面，单击【钞箱管理】，进入钞箱管理界面。

3）进入钞箱管理界面，钞箱数据必须与实际情况一致，每次从钞箱中取出钱币或者在找零箱中放入钱币，必须重新设置钞箱数据，设置完毕后单击【保存】。

4）对应钞箱设置的各钞箱说明：纸币收币钞箱、硬币收币钞箱。

（2）系统检测操作步骤：

1）打开自助交费终端系统，在主界面上单击界面的“左上角+右上角+右下角”3 个区域，在弹出来的认证对话框中扫描使用营业工号查询到的员工编号生成的二维码，认证成功后即可打开终端管理界面。

2）进入终端管理界面，单击【系统检测】，进入系统检测界面。

3）进入系统检测界面，单击【开始检测】，系统开始检测。

（3）硬币清机操作步骤：

1）打开自助交费终端系统，在主界面上单击界面的“左上角+右上角+右下角”3 个区域，在弹出来的认证对话框中扫描使用营业工号查询到的员工编号生成的二维码，认证成功后即可打开终端管理界面。

2）进入终端管理界面，单击【硬币清机】，进入硬币清机界面。

3）进入硬币清机界面。发送个数默认获取钞箱管理中硬币找零箱已有数据，可支持手动输入发送硬币个数，建议单次发送不要超过 150 个。单击【退币】，系统自动将硬币找零钞箱中的硬币吐出并自动记录退币数据展示在界面上。

（4）终端锁屏操作步骤：

1）打开自助交费终端系统，在主界面上单击界面的“左上角+右上角+右下角”3 个区域，在弹出来的认证对话框中扫描使用营业工号查询到的员工编号生成的二维码，认证成功后即可打开终端管理界面。

2）进入终端管理界面，单击【终端锁屏】，进入终端锁屏界面。

3）进入终端锁屏界面。

4）如需恢复使用，则使用手势“左上角+右上角+底部中央位置”，在弹出输入框后扫描使用营业工号查询到的员工编号生成的二维码，即可恢复。

（5）现金交易查询操作步骤：

1）打开自助交费终端系统，在主界面上单击界面的“左上角+右上角+右下角”3 个区域，在弹出来的认证对话框中扫描使用营业工号查询到的员工编号生成的二维码，认证成功后即可打开终端管理界面。

2）进入终端管理界面，单击【现金交易查询】，进入当天现金交易流水查询界面，界面展示当前为止该终端上现金交易的流水及各项汇总信息。

（6）异常弹卡操作步骤：

1）打开自助交费终端系统，在主界面上单击界面的“左上角+右上角+右下角”3 个区域，在弹出来的认证对话框中扫描使用营业工号查询到的员工编号生成的二维码，认证成功后即可打开终端管理界面。

2）如遇客户使用银联卡交费时出现吞卡现象，在终端管理界面单击“异常弹卡”按钮，系统会自动弹出客户银行卡。如卡片未弹出，请联系运维人员处理。

（7）现金交易对账操作步骤：

1）打开自助交费终端系统，在主界面上单击界面的“左上角+右上角+右下角”3 个区域，在弹出来的认证对话框中扫描使用营业工号查询到的员工编号生成的二维码，认证成功后即可打开终端管理界面。

2）综合柜员当天解款时，可参考现金交易对账中统计的收费情况、找零情况等数据。

三、自助交费终端异常处理

自助交费终端错误代码说明及处理方法内容如下：

（1）1H 表示上次出钞过程非法中断。

1）客户交费过程异常中断，需根据凭条内容为客户补齐未找零金额。

2）综合柜员需根据现金交易流水功能查询客户投币信息以核对金额。

3）重新进行钞箱管理，终端将恢复找零。

（2）–2H 表示通信错误。

1）客户交费过程中硬件通信异常，需根据凭条内容为客户补齐未找零金额。

2）综合柜员需根据现金交易流水功能查询客户投币信息以核对金额。

3）重启终端并重新进行钞箱管理，终端将恢复找零。

（3）–10H 表示对应出钞箱空。

1）其中一个找零纸币钱箱为空。

2）综合柜员需根据凭条内容为客户补齐未找零金额。

3）综合柜员需根据现金交易流水功能查询客户投币信息以核对金额。

4）重新进行钞箱管理，终端将恢复找零。

（4）–11S 表示回收箱满。

1）有多张纸币进入废钞箱，造成废钞箱已满。

2）综合柜员需根据凭条内容为客户补齐未找零金额。

3）综合柜员需根据现金交易流水功能查询客户投币信息以核对金额。

4）综合柜员需将废钞箱清空并重新设置钞箱数据，保存成功后终端恢复找零。

（5）–12H 表示纸币识别错误。

1）找零时纸币有残缺、折角或污渍，进入废钞箱。

2）找零传感器异常。

3）综合柜员需根据凭条内容为客户补齐未找零金额。

4）综合柜员需根据现金交易流水功能查询客户投币信息以核对金额。

5）综合柜员需联系运维人员修复该异常。

（6）–13H 表示卡钞。

1）找零过程中遇纸币卡钞情况。

2）综合柜员需根据凭条内容为客户补齐未找零金额。

3）综合柜员需根据现金交易流水功能查询客户投币信息以核对金额。

4）综合柜员需检查找零通道是否有纸币卡住，如有卡钞情况，需轻轻将卡住的钱币抽出。

5）重新进行钞箱管理，终端将恢复找零。

（7）–14H 表示介质拨出。

1）找零过程中遇钞箱被拔出情况。

2）综合柜员需根据凭条内容为客户补齐未找零金额。

3）综合柜员需根据现金交易流水功能查询客户投币信息以核对金额。

4）检查所有钞箱，将钞箱插好，重新进行钞箱管理终端将恢复找零。

（8）–15H 表示出钞失败。

1）综合柜员需根据凭条内容为客户补齐未找零金额。

2）综合柜员需根据现金交易流水功能查询客户投币信息以核对金额。

3）综合柜员需联系运维人员修复该异常。

（9）–16H 表示未找到钞箱。

1）找零过程中遇钞箱未找到情况。

2）综合柜员需根据凭条内容为客户补齐未找零金额。

3）综合柜员需根据现金交易流水功能查询客户投币信息以核对金额。

4）检查所有钞箱，将钞箱插好，重新进行钞箱管理终端将恢复找零。

（10）–17H 表示钞票计数不符。

1）找零过程中遇钞票计数不符情况。

2）综合柜员需根据凭条内容为客户补齐未找零金额。

3）综合柜员需根据现金交易流水功能查询客户投币信息以核对金额。

4）综合柜员需联系运维人员修复该异常。

（11）–18H 表示回收箱（及相关选项）没有设定。

1）找零过程中遇废钞箱未装好或异常，导致传感器复位失败。

2）综合柜员需根据凭条内容为客户补齐未找零金额。

3）综合柜员需根据现金交易流水功能查询客户投币信息以核对金额。

4）综合柜员需检查废钞箱是否装好，如装载有问题，装好后需进行钞箱整理恢复找零。

5）如连续遇到该问题，需联系运维人员修复该异常。

（12）–19H 表示系统错误。

1）综合柜员需根据凭条内容为客户补齐未找零金额。

2）综合柜员需根据现金交易流水功能查询客户投币信息以核对金额。

3）综合柜员需联系运维人员修复该异常。

思考与练习

（1）自助终端业务办理如何操作？

（2）自助终端交费如何操作？

模块5 互动平台推广（ZHGY10005）

模块描述

本模块主要介绍“互联网+”营销服务线上渠道。通过截图示例、模块介绍，掌握微信公众号、掌上电力、电e宝的操作方法。

模块内容

一、工作思路

坚持以市场和客户为导向，加强“互联网+”营销服务统筹规划，利用“互联网+”思维和技术改造传统营销服务手段和方式，健全服务渠道、再造服务流程、拓展新业务应用，更加注重贴近现场实际和成果应用，解决实际问题，建设省、市、县三级业务质量管控中心，强化“三全”（全业务、全过程、全员）质量管理，提高市场响应速度，进一步推进营销信息化、自动化，现场作业线上化、标准化，客户服务互动化、跨界化，为公司发展创造价值、做出贡献。为落实国家电网公司加快推进“互联网+”营销服务应用工作总体要求，全面构建“互联网+”服务渠道，统一建设开放、互动的线上智能服务平台。

二、工作目标

全面拓展“互联网+”营销服务渠道，统一应用开放、互动的线上智能服务平台，强化“掌上电力”手机APP、95598网站、车联网、“e充电”、“电e宝”等线上渠道的推广应用；深化大数据应用研究，拓展移动作业终端应用，推行全业务线上流转、全环节互联互通、全过程精益管控；推广车联网平台，开展“多表合一”信息采集建设应用，深化供需互动。

三、微信公众号平台（以江苏省为例）

（1）“国网江苏电力”微信公众服务平台已于2013年8月12日上线启用，初期向客户提供电费电量查询、交费记录查询、准实时电量查询、停电信息查询、营业网点查询、用电档案查询等服务业务。

（2）“国网江苏电力”微信公众号使用的操作说明如下：

1）搜索公众账号或微信号打开微信，单击搜索框，选择公众号，在搜索框中输入“国网江苏电力”或者“SGCC—JS”（不区分大小写）搜索后，出现“国网江苏电力”微信公众账号，单击“关注”按钮，进行关注。

2）单击菜单【营业厅】，营业厅功能界面包括【营业厅】、【国网商城】、【智能客服】、【个人中心】4个模块。

（a）营业厅首页。若客户未绑定户号，则可以在此界面进行网点信息、停电信息、有奖举报、服务资讯、APP下载、我要办电、常见问题的操作。客户绑定户号后还可进行实时电量、月度账单、充值交费、自助复电、实名认证、我要报修等在线操作。

（b）国家电网商城。单击【国网商城】，可跳转至国网商城界面，客户可在此平台购物。

（c）智能客服。单击【智能客服】，出现【户号】、【电费】、【业务】、【其他】四类分类，单击对应的右上角的【…】，跳转至对应分类的留言列表界面，查看已有问题的答复；也可单击【向电博士示助】，进入智能机器人“电博士”对话界面，对客户所提问题做出相应回复。

（d）个人中心。单击【个人中心】，客户可以通过绑定总户号进行【我的户号】、【我的积分】、【档案维护】、【我的服务】、【我的消息】信息查询。

3）单击菜单【我的】，客户可以通过绑定总户号进行【实时电量】、【电费账单】、【我要交费】、【我的积分】信息查询。每个微信号最多可以绑定1个非居民和3个低压居民户号。

4）单击菜单【发现】，有【停电信息】、【网点信息】、【智能客服】、【有奖举报】信息查询功能。

（3）“国网江苏电力”公众号关于积分相关内容。

途径：关注“国网江苏电力”公众号，单击【我的】，再单击【我的积分】，单击查看全文。

单击后显示绑定的总户号，积分账户是否激活，如果未激活，请单击“去激活”，激活后，会立即显示积分情况。下方有【积分兑换】、【积分明细】、【积分规则】、【积分抽奖】4个模块。

温馨提示：① 每月10日之后公布上月末积分情况；② 逾期未交纳电费的客户不参与积分活动；③ 仅限江苏省电网内实名制认证的“一户一表”低压居民用电客户；④ 积分到期时间默认为：2018年12月31日，三年积分可累计、三年后自动清零；⑤ 积分激活所在月之前的电费不参与积分统计。

“积分兑换”：有1000积分兑换5元电费充值卡，2000积分兑换10元电费充值卡。

“积分明细”：有积分相应的情况。

“积分规则”：积分获取相关内容。

积分规则内容包括：

1）客户积分初始值为0分；过户后初始值变为0分。销户客户、过户前的客户，积分不再进行计算，不同用电客户积分不可合并，同一客户名下多个用电户积分不可合并。

2）预交电费（含居民费控客户）：客户在电费发行一天前通过柜面、电费充值卡、网银、微信、支付宝等预交电费，可获得当月预收冲抵电费金额的等值积分。即每预收冲抵1元电费可获得1积分，多交的电费滚入暂存，只有在冲抵电费时才计算积分，不足1元部分不积分。

3）银行卡（折）或支付宝等手段代扣电费，客户每在交费期限内通过银行签约、支付宝等渠道代扣当期电费成功一次，可获得代扣电费金额等值积分，即每代扣当期电费1元，可获得1积分，不足1元部分不积分。

4）其他电子化渠道交费：除卡（折）扣电费外，客户每在交费期限内通过绑定公众号微信支付、绑定服务窗支付宝支付、95598网站支付、掌上电力手机APP交纳当期电费成功一次，可获得50%电费金额的等值积分，即每次纳当期电费2元，可获得1积分，低于2元部分不积分。

5）客户逾期交纳的电费不参与积分。一个日历年内发生逾期交费及存在违约用电、窃电等行为的客户，取消当年抽奖活动资格。

6）供电营业厅、银行柜面、邮政等社会化代收点现金、支票等非电子化方式交费，不参与积分。

7）积分激活所在月之前的电费不参与积分统计。

四、掌上电力

（一）掌上电力下载安装

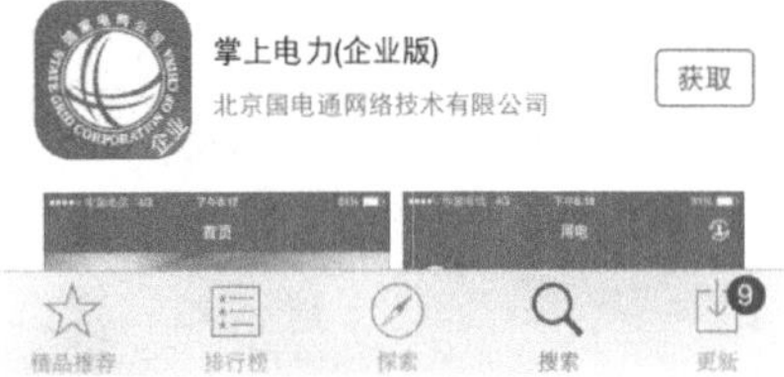

图 10–5–1　掌上电力下载安装界面

安卓手机客户可使用 360 安全市场 APP 市场，以“掌上电力”为关键字进行搜索并下载安装。苹果手机客户可以用苹果手机自带的 App Store 以“掌上电力”为关键字进行搜索并下载安装。掌上电力下载安装界面如图 10–5–1 所示。

注：掌上电力（企业版）适用于高压客户。

（二）首页

初次使用掌上电力 APP 的客户，设置完省市后进入首页使用引导，将展示首页功能的使用引导，单击任意位置，进入首页，如图 10–5–2 所示。

“掌上电力”APP 在“首页”中单击登录，可以进行注册和登录，如图 10–5–3 所示。

（三）我的界面

【我的】包括【个人信息】、【绑定户号】、【户号共享】、【切换户号】、【我的消息】、【安全管理】、【常见问题】、【关于我们】等，如图 10–5–4 所示。

注册成功登录后，单击【我的】界面中的“绑定户号”，可以绑定 5 个总户号。

图 10–5–2　掌上电力 APP 设置界面

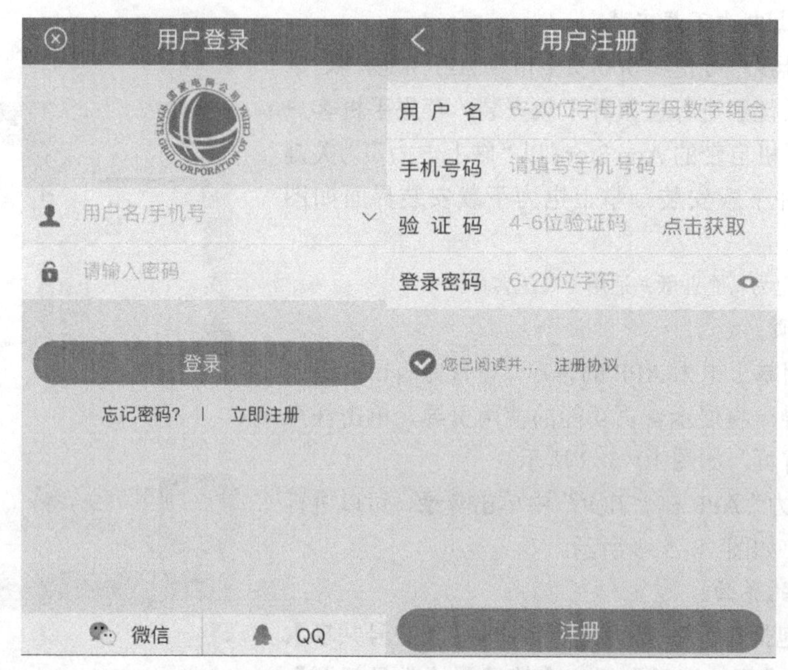

图 10–5–3 掌上电力 APP 注册和登录界面

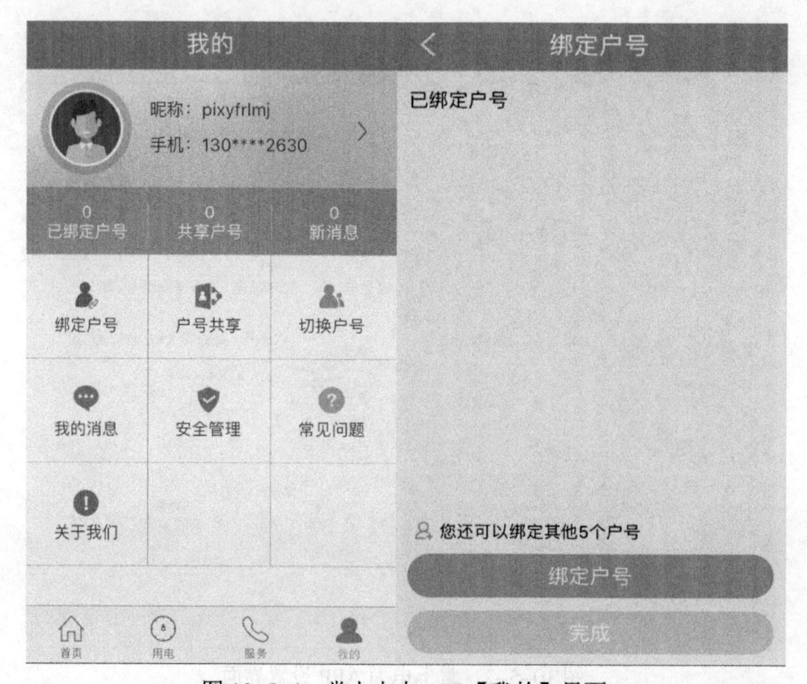

图 10–5–4 掌上电力 APP【我的】界面

（四）用电

【用电】包括【支付购电】、【电费余额】、【购电记录】、【电量电费】。同时，【用电】模块显示绑定客户的最新结算月用电量和电费，当年总用电量、总电费，用电阶梯情况（若客户不执行阶梯电价，则不显示），如图 10–5–5 所示。

（五）服务

【服务】包括【服务网点】、【停电公告】、【用电知识】、【进度查询】、【我要咨询】、【我要报修】、【投诉举报】、【我有话说】、【业务办理】、【自助客服】、【办电申请】，客户可选择相应的服务模块进行操作，如图 10–5–6 所示。

图 10–5–5　掌上电力 APP【用电】界面

图 10–5–6　掌上电力 APP“服务”界面

（六）掌上电力在线渠道业务办理

掌上电力低压版（非企业版）【服务】菜单中的【办电申请】功能，为客户提供在线提交低压企业、个人新装用电、居民更名过户以及开通分时申请服务，低压办电适用于电压等级为 220V 和 380V 的用电项目，如图 10–5–7 所示。

1. 企业用电新装

企业办电适用于一般企事业单位及商业用电的办电申请。

（1）报装申请。通过掌上电力【服务】菜单中【办电申请】中的【企业用电】功能，按图 10–5–8 所示进行低压企业新装申请。

第一步：单击右上【帮助】图标，可查看【企业用电】的企业业务办理指南。单击流程方块，查看具体流程介绍，如图 10–5–9 所示。

图 10–5–7　掌上电力 APP 在线渠道办电申请界面

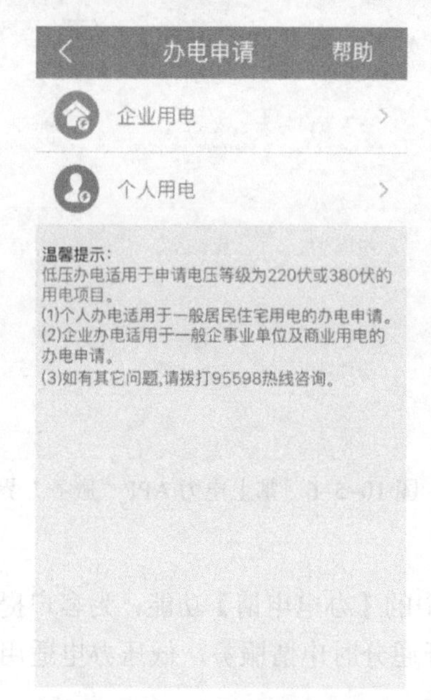

图 10–5–8　办电申请界面

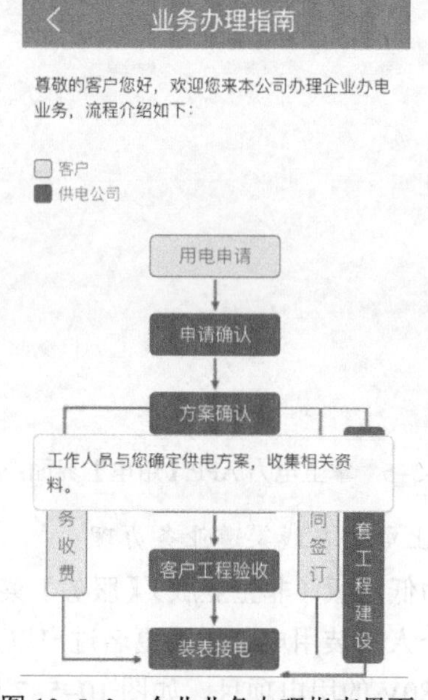

图 10–5–9　企业业务办理指南界面

第二步：单击右上【加号】图标，进行新装申请，首先填写新装基本资料信息。基本资料信息需要填写企业信息和经办人信息，企业信息包括企业名称、法人代表姓名、法人代表手机、身份证号码、用电地址等信息，经办人信息包括经办人姓名、经办人手机等信息，企业办电界面、企业信息填写界面、经办人信息、填写界面示例分别如图 10–5–10～图 10–5–12 所示。

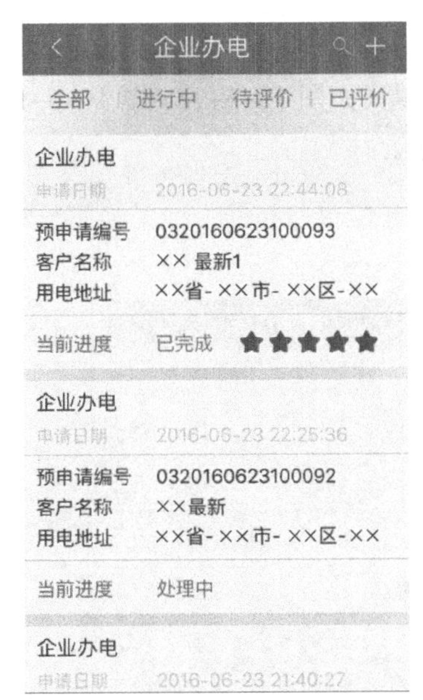

图 10-5-10　企业办电界面示例

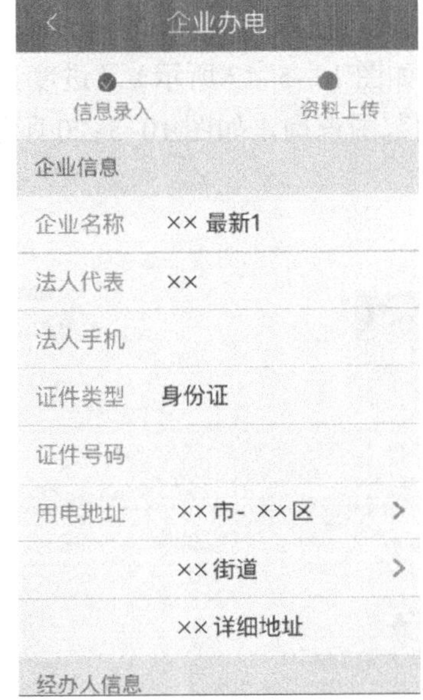

图 10-5-11　企业信息填写界面示例

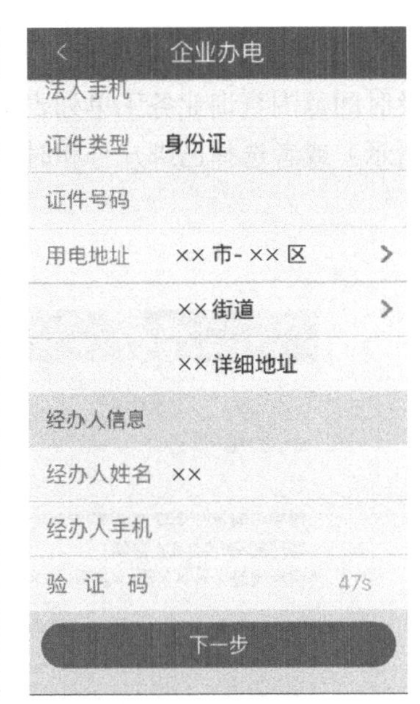

图 10-5-12　经办人信息填写界面示例

第三步：上传证件资料。需要上传营业资料、身份证照片以及一般纳税人登记证。其中，营业资料为必传资料，可上传营业执照（执照）照片或组织机构代码证照片，二选一；身份证正反面照也为必传资料；一般纳税人登记证为选传资料，可不上传。同时，提供了清晰的图片上传示意，以供参考，如图 10-5-13～图 10-5-15 所示。

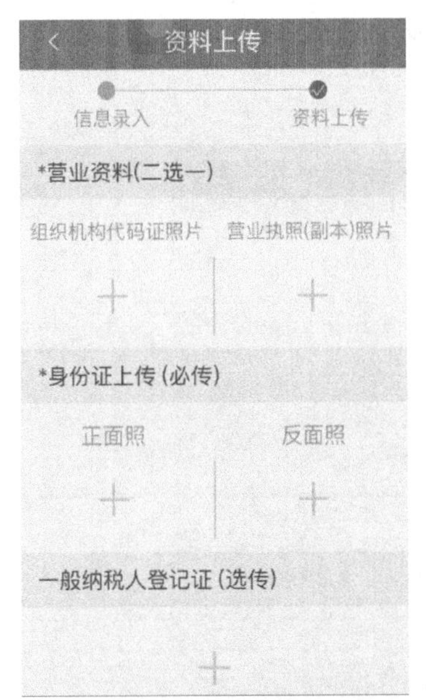

图 10-5-13　资料上传界面 a

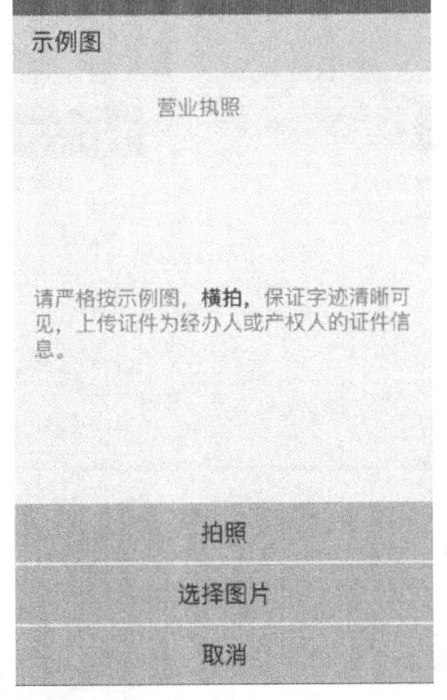

图 10-5-14　资料上传界面 b

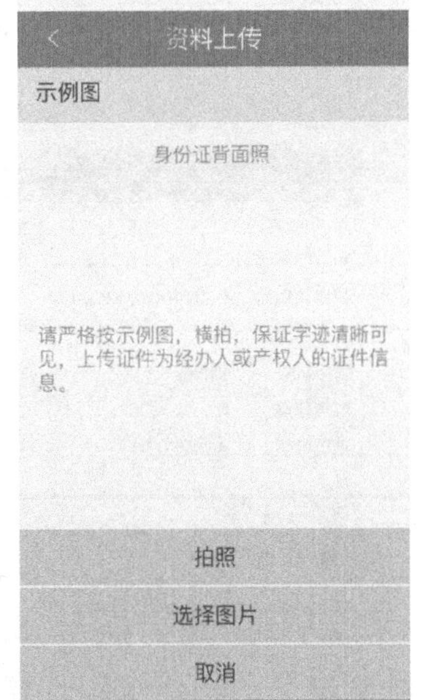

图 10-5-15　资料上传界面 c

第四步：保存并提交申请。

（2）进度查询。通过掌上电力低压版【服务】菜单中【办电申请】中的【企业用电】功能，可查看最近提交申请的进度列表及进度详情信息，分别如图 10-5-16 所示。也可以通过

【服务】菜单中的【进度查询】功能，输入经办人、法人代表、账务联系人手机号、验证码以及时间范围查询业务工单列表（如图 10–5–17 所示）及进度详情（如图 10–5–18、图 10–5–19 所示）或者选择已绑户号和时间范围查询，如图 10–5–20 所示。

图 10–5–16　通过企业用电申请列表查询进度界面

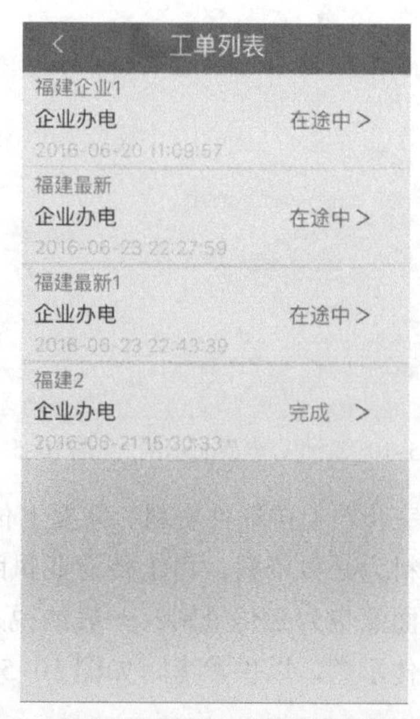

图 10–5–17　企业办电的【工单列表】进度查询界面

图 10–5–18　【进度详情】进度查询界面

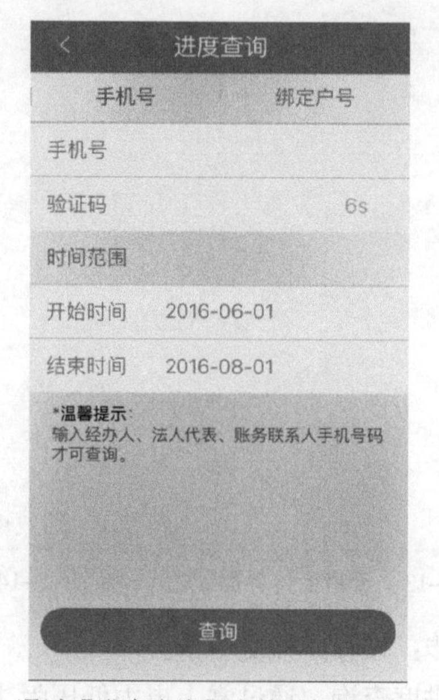

图 10–5–19　通过【进度查询】中的手机号验证查询进度界面

（3）业务催办。查询业务办理进度时，若该进度处于处理中状态，可以单击【催办】对工单进行催办，如图 10–5–21 所示。

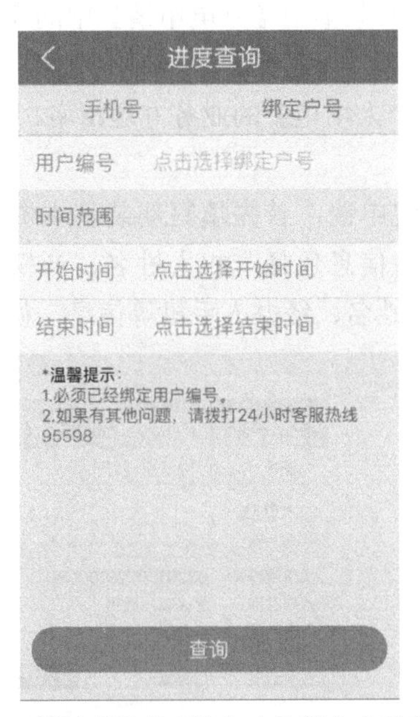

图 10–5–20 通过【进度查询】中的绑定户号查询进度界面

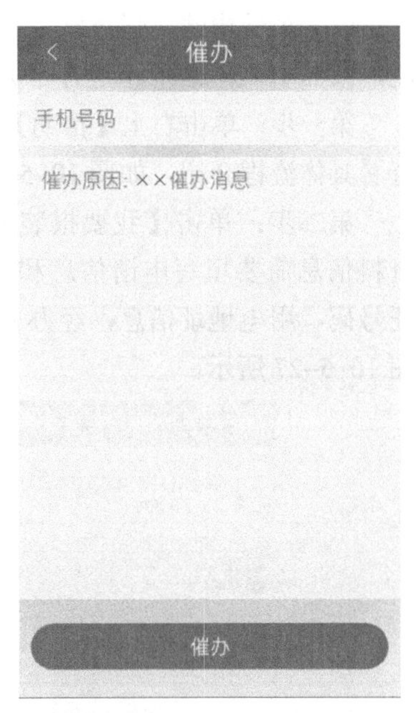

图 10–5–21 业务催办界面

（4）满意度评价。当申请的业扩报装业务送电结束后，可以通过掌上电力低压版【服务】菜单中【办电申请】中的【企业用电】功能查看工单列表，对待评价工单进行供电企业员工服务态度、工作效率星级评价及服务建议的填写，如图 10–5–22、图 10–5–23 所示。

图 10–5–22 满意度评价界面 a

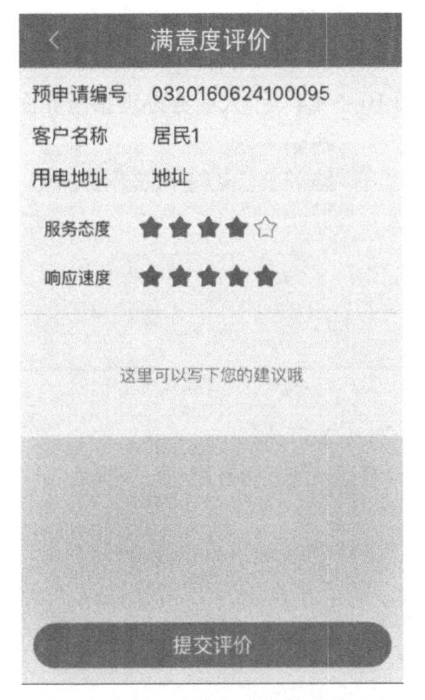

图 10–5–23 满意度评价界面 b

2. 个人报装

个人办电适用于一般居民住宅用电的办电申请。

（1）报装申请。通过掌上电力低压版【服务】菜单中【办电申请】中的【个人用电】功能，按图 10–5–28 所示进行个人新装申请。

第一步：单击右上【帮助】图标，可查看【个人用电】的业务办理指南。单击流程方块，查看具体流程介绍，如图 10–5–24 所示。

第二步：单击【我要报装】按钮，进行新装申请，首先填写新装基本资料信息。基本资料信息需要填写申请信息和经办人信息，申请信息包括产权人姓名、产权人电话、身份证号码、用电地址信息，经办人信息包括经办人姓名、经办人手机等信息，如图 10–5–25～图 10–5–27 所示。

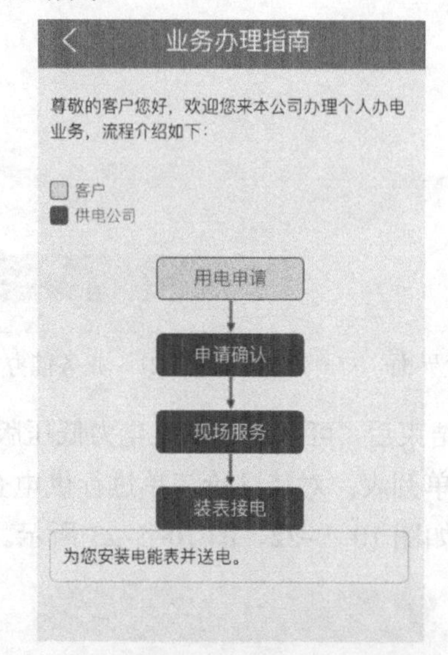

图 10–5–24 个人业务办理指南界面

图 10–5–25 个人办电界面

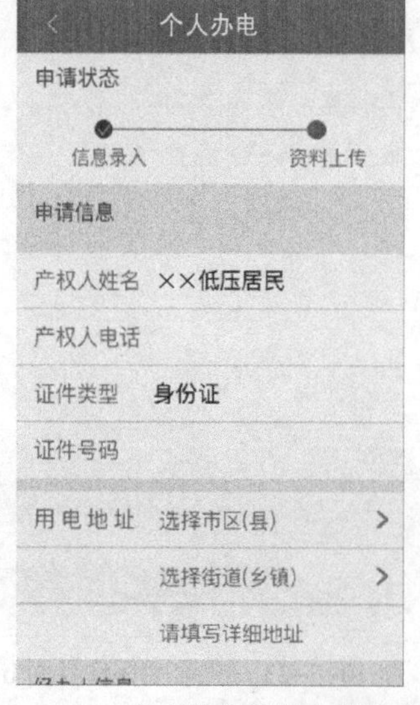

图 10–5–26 个人信息填写申请信息界面

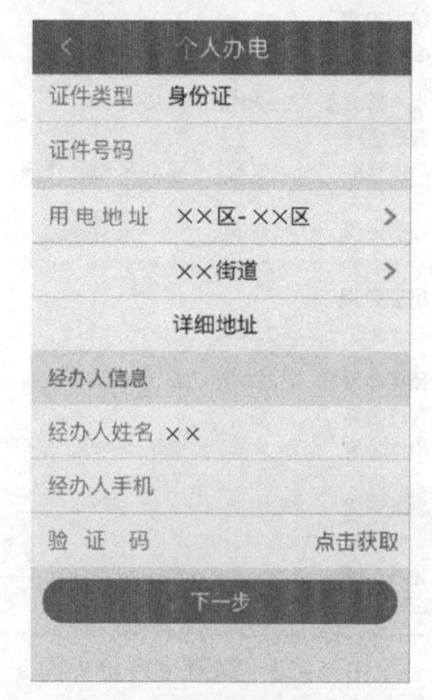

图 10–5–27 个人信息填写经办人信息界面

第三步：上传证件资料。需要上传身份证照片以及其他证件信息。其中，身份证正反面照也为必传资料；其他证件为选传资料，可不上传。同时，提供了清晰的图片上传示意，以供参考，如图 10–5–28、图 10–5–15 所示。

第四步：保存并提交申请。

（2）进度查询。通过掌上电力低压版【服务】菜单中【办电申请】中的【个人用电】功能，可查看最近提交申请的进度列表及进度详情信息，如图 10–5–29 所示。也可以通过【服务】菜单中的【进度查询】功能，输入经办人、法人代表、账务联系人手机号、验证码以及时间范围查询业务工单列表（如图 10–5–30 所示）及进度详情（如图 10–5–31 所示），如图 10–5–19 所示，或者选择已绑户号和时间范围查询，如图 10–5–20 所示。

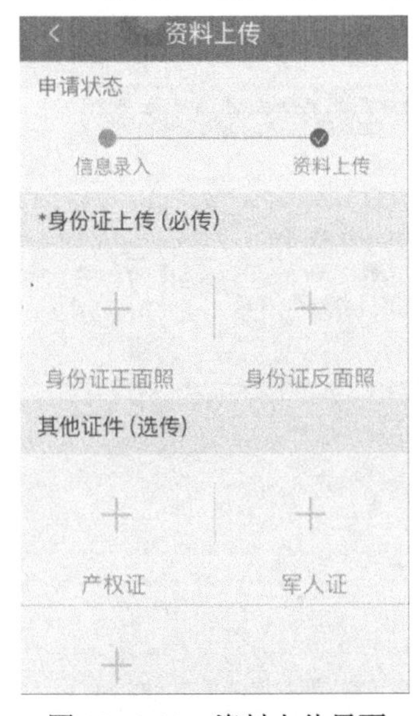

图 10–5–28　资料上传界面

图 10–5–29　通过【个人办电】申请列表查看进度界面

图 10–5–30　个人办电的【工单列表】进度查询界面

图 10–5–31　【进度详情】进度查询界面

（3）业务催办。查询业务办理进度时，若该进度处于处理中状态，可以单击【催办】对工单进行催办，如图 10–5–21 所示。

（4）满意度评价。当申请的业扩报装业务送电结束后，可以通过掌上电力低压版【服务】菜单中【办电申请】中的【个人用电】功能查看工单列表，对待评价工单进行供电企业员工服务态度、工作效率星级评价及服务建议的填写，如图 10–5–23 所示。

3. 居民更名过户

（1）单击【服务】→【用电申请】→【更名过户】，进入更名过户界面。该功能目前仅限居民客户办理更名或过户，如图 10–5–32 所示。

（2）单击右上角【+】进入更名过户申请界面，选择需办理业务的用电户号，如图 10–5–33 所示。

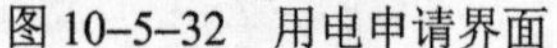
图 10–5–32　用电申请界面

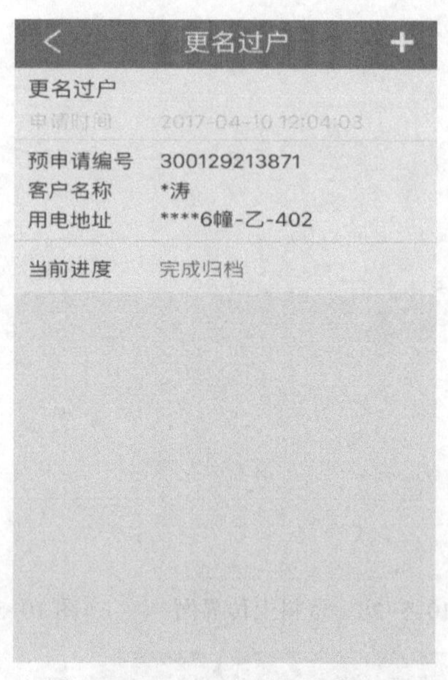

图 10–5–33　更名过户申请界面

（3）勾选“已阅读并确认《更名过户业务须知》”，依次填写产权人信息，包括姓名（新户名）、身份证号码，上传身份证正反面照片、产权证明照片（原则上照片应为原件且清晰，房产证上的产权编号需一并拍入），填写手机号码（此处填写的手机号码将覆盖营销系统中原法人联系电话，故注意填入新户主常用的联系电话，不得填入中介公司等无关人员的电话，以免联系信息错误），获取验证码并填写，选择是否需要阶梯电费清算，勾选“已阅读并确认《供用电条款》”，确认无误后单击【提交申请】按钮，提交预申请信息，如图 10–5–34～图 10–5–36 所示。

（4）客户在掌上电力申请提交成功后，可在【服务】→【办电申请】→【更名过户】进入业务进度查询界面，查看工单全流程状态，如图 10–5–37 所示。

（5）客户预申请提交成功后，工作人员登录营销系统，在待办事宜中找到相对应的【客户申请确认】流程。查看客户的基本信息，根据“系统备注”了解其办电需求及是否需要清算电费。查看或下载客户上传的身份证正反面及房产证资料，工作人员需审核客户资料。

图 10–5–34　更名过户申请界面 a

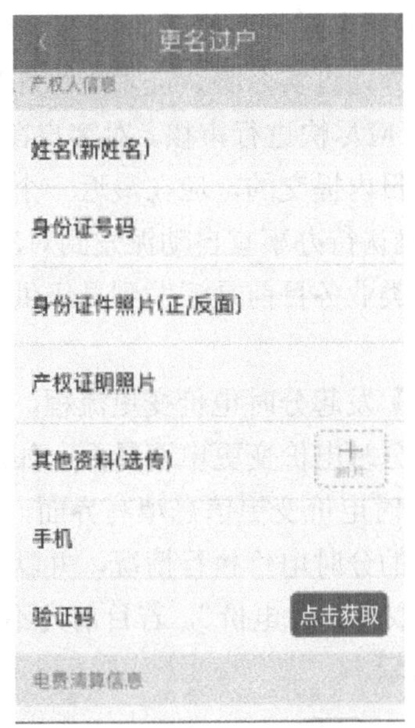

图 10–5–35　更名过户申请界面 b

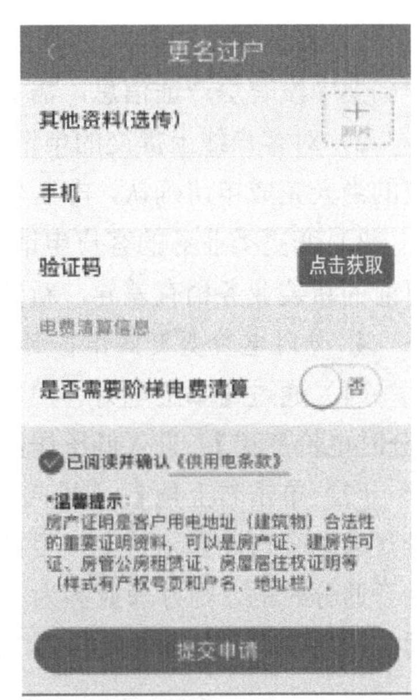

图 10–5–36　更名过户申请界面 c

此环节工作人员需审核：

1）客户所拍摄的身份证及房产证是否为原件。

2）客户上传的图片资料是否清晰可辨。

3）身份证及产权人姓名与变更后的电能表户名是否一致。

4）身份证号码与所输入的身份证号码是否一致。

5）房产证地址与营销系统中的用电地址是否一致。

6）房产证上的产权证编号是否清晰可见。

7）查看客户是否有卡扣关系未撤销、是否未开通分时、是否已实施停电、是否有预存款等，如果有以上情况的，工作人员要电话提醒客户。

8）如果客户清算标识选择“否”，但实际用电量已超档应建议清算，工作人员要电话提醒客户，确认是否确实不需清算。

图 10–5–37　更名过户业务进度查询界面

工作人员审核后，在【用电申请信息】中，可根据需要选择【更名】或【过户】，然后选择【可受理标志】，若资料审核通过，符合更名过户条件，选择【可受理】后单击【保存】，传递流程后发起更名或过户流程；如果资料审核未通过，则选择【不可受理】并填写不能受理的原因，驳回客户的预申请。通过审核后，或驳回客户申请后，掌电端会推送进度消息给客户，建议工作人员电话告知客户不可受理的原因，以避免纠纷。

（6）注意事项如下：

1）目前掌上电力线上提交的更名过户归档后，客户实名制认证类型自动为第一类，但客户档案中没有房产证信息，需另外通过实名制认证功能添加房产证信息。

2）对客户线上提交的申请，应尽快进行审核。对客户在工作日提交的，工作人员应在提交的当天完成申请确认，非工作日内提交的，应在最近一个工作日的10点前完成申请确认。

3）变更类业务的客户申请确认待办事宜自动派发到对应供电单位下的相关人员岗位，与目前的新装业务稍有差异，新装类业务目前是派发到县级供电单位的待办事宜中。

4. 分时电价变更操作手册

（1）通过【掌上电力客户端】发起分时电价变更流程，单击【服务】→【办电申请】→【分时电价变更】，进入低压居民分时电价变更申请界面，如图10–5–38所示。

（2）单击右上角【+】进入分时电价变更信息填写界面，选择需要办理该项业务的用电户号（掌电会自动显示该客户目前的分时电价执行情况，并默认即将办理的业务类型，若目前为开通分时的，则办理业务为“取消分时电价”，若目前为不开通分时的，则办理业务为“开通分时电价”），如图10–5–39所示。

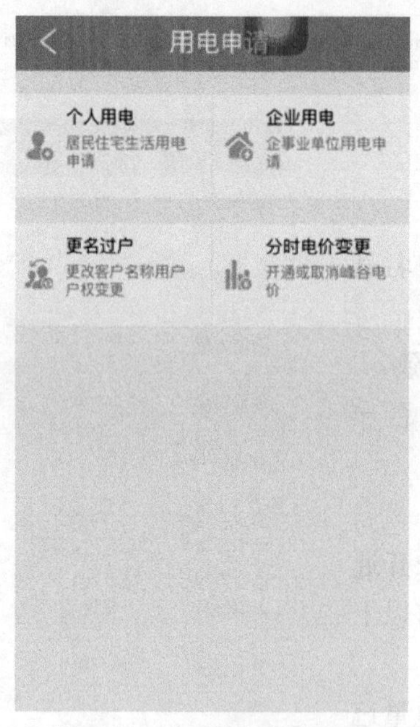

图10–5–38　用电申请界面

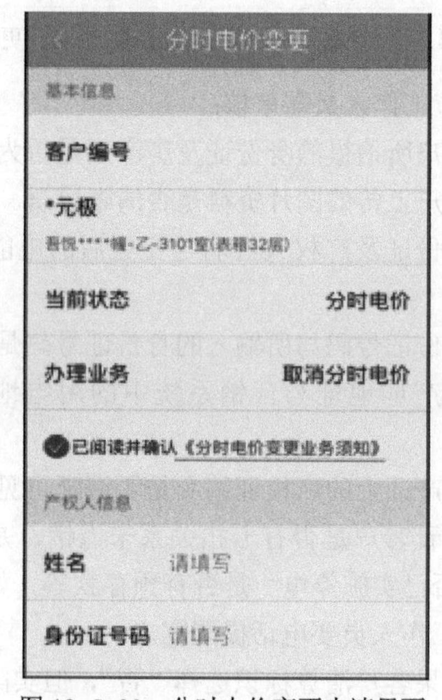

图10–5–39　分时电价变更申请界面

（3）勾选“已阅读并确认《更名过户业务须知》”，填写产权人信息，包括姓名（需与电能表户名一致，否则无法提交）、身份证号码，上传身份证正反面照片（建议照片应为原件且清晰），房产证可选传，填写手机号码，获取验证码并填写，勾选“已阅读并确认《供用电条款》”，所有信息确认无误后单击【提交申请】按钮，提交预申请信息，如图10–5–40、图10–5–41所示。

（4）申请提交成功后，可在【服务】→【办电申请】→【分时电价变更】进入进度查询界面，查看工单全流程状态，如图10–5–42所示。

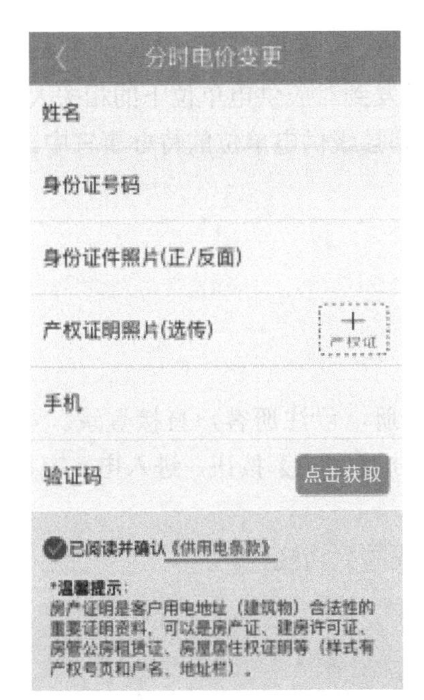

图 10–5–40　分时电价变更申请界面 a

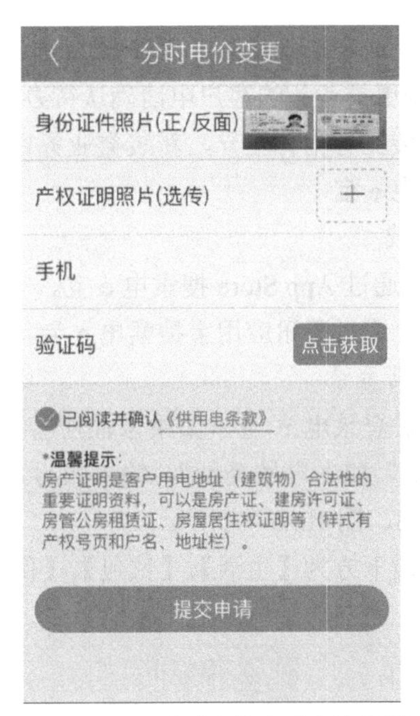

图 10–5–41　分时电价变更申请界面 b

（5）客户预申请提交成功后，工作人员登录营销业务系统，在待办事宜中找到相对应的【客户申请确认】流程。查看客户的基本信息，根据“系统备注”了解其办电需求，核对“启用分时”字段（开通分时应为“是”，取消分时应为“否”），填写“申请原因”，查看或下载客户上传的证件照片信息。

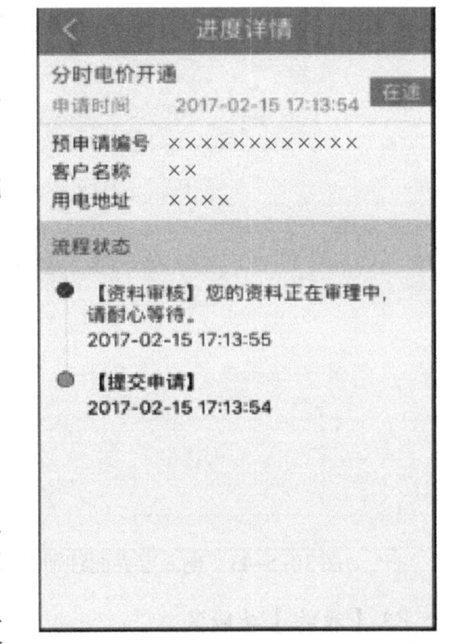

图 10–5–42　分时电价变更进度查询界面

此环节工作人员需验证：

1）客户所拍摄的身份证是否为原件。

2）客户上传的图片资料是否清晰可辨。

3）身份证姓名与电能表户名是否一致。

4）身份证号码与所输入的身份证号码是否一致。

5）若客户同时上传了房产证，核对房产证信息。

（6）工作人员审核后，在【用电申请信息】TAB 页的【客户需求】中，系统自动设为【改类】，工作人员选择【可受理标志】，若资料审核通过，符合分时变更条件，选择【可受理】后单击【保存】，传递流程后发起改类流程；若资料审核未通过，则选择【不可受理】并填写不能受理的原因后保存并传递，驳回客户的预申请。通过审核后，或驳回客户申请后，掌电端会推送进度消息给客户。建议工作人员电话告知客户不可受理的原因，以避免纠纷。

（7）注意事项如下：

1）对客户线上提交的申请，应尽快进行审核。对客户在工作日提交的，工作人员应在提交的当天完成申请确认，非工作日内提交的，应在最近一个工作日的10点前完成申请确认。

2）变更类业务的客户申请确认待办事宜自动派发到对应供电单位下的相关人员岗位，与目前的新装业务稍有差异，新装类业务目前是派发到县级供电单位的待办事宜中。

五、电e宝

1. 下载

IOS：通过App Store搜索电e宝。

安卓：通过腾讯应用宝搜索电e宝。

2. 注册登录

用手机登录电e宝，如果未注册客户需要先注册，已注册客户直接登录。登录可选择“普通登录”和“户号登录”，输入账号、密码，单击【登录】按钮，进入电e宝首页面，如图10–5–43、图10–5–44所示。

首页最下方为【生活】、【钱包】、【供电窗】、【我的】功能区。

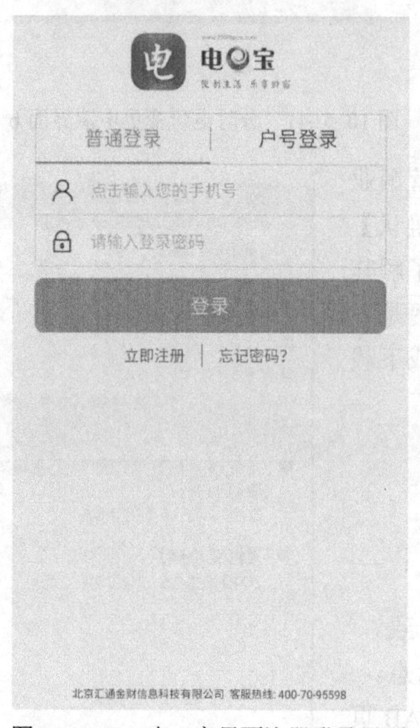

图10–5–43 电e宝界面注册登录界面

图10–5–44 电e宝首页界面

3.【我的】功能区

【我的】功能区的界面主要有实名认证、密码管理、用电户号绑定与解绑、电费代扣开通等功能，如图10–5–45～图10–5–50所示。

4.【生活】功能区

【生活】功能区的界面主要有【智能电费】、【生活交费】、【国网电商金融】、【电费小红包】、【我的小红包】、【交费盈】、【光e宝】、【我的卡包】、【电商扶贫】、【掌上电力】、【积分e+】等功能，如图10–5–51所示。

图 10–5–45　【我的】功能区界面

图 10–5–46　实名认证界面

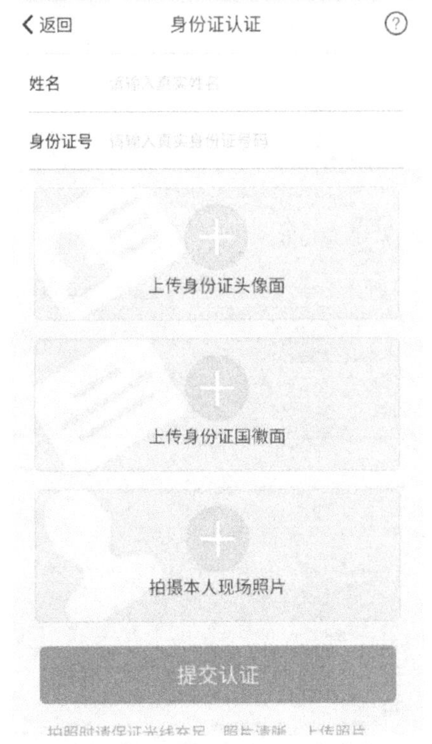

图 10–5–47　身份证认证界面

图 10–5–48　密码管理界面

图 10–5–49 用电户号绑定与解绑界面

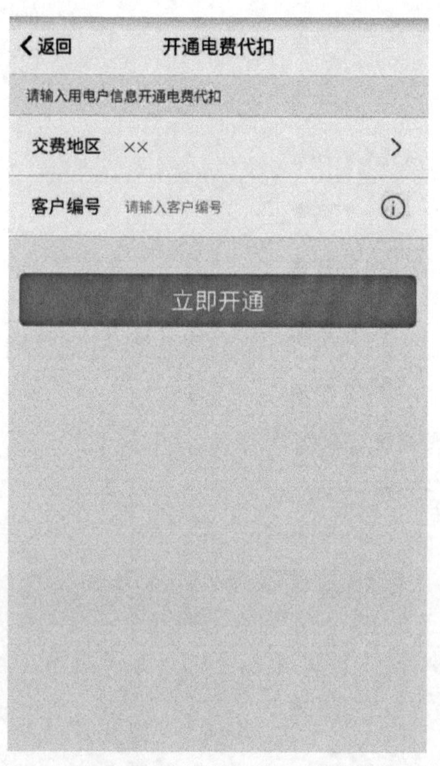

图 10–5–50 电费代扣开通界面

图 10–5–51 【生活】功能区界面

5.【钱包】功能区

【钱包】功能区的界面主要有【账户余额】、【充值】、【提现】、【转账】、【银行卡】等功能，可以进行银行卡的绑定，如图 10–5–52～图 10–5–55 所示。

图 10–5–52 【钱包】功能区界面

图 10–5–53　银行卡绑定界面 a

图 10–5–54　银行卡绑定界面 b

图 10–5–55　银行卡绑定界面 c

6.【供电窗】功能区

【供电窗】是各网省电力公司面向大众提供的一个官方服务平台。为客户实时电量、提供停电信息、用电知识等信息查询服务。

【供电窗】功能区如图 10–5–56 所示。

图 10–5–56 【供电窗】功能区界面

思考与练习

（1）电力公司微信公众号可以向客户提供哪些服务？

（2）掌上电力如何进行电费查询？

（3）掌上电力低压版（非企业版）可以为客户提供哪些服务？

第11章

沟通与协调

模块1　沟通与协调（ZHGY11001）

模块描述

本模块主要介绍有效沟通的基本步骤及协调的形式和艺术。通过要点介绍、案例分析，掌握有效沟通的方法，了解协调的3种形式及其作用。

模块内容

一、有效沟通的步骤

运用换位思考，可以使沟通更有说服力，同时树立良好的信誉。在工作中要完成一次有效的沟通，分为以下6个步骤：

1. 事前准备

为了提高沟通的效率，要事前准备这样一些内容：

（1）设立沟通的目标。与别人沟通之前，心里一定要有一个目标，希望通过这次沟通达成什么样的一个效果，这很重要。

（2）制订计划。有目标就要有实现目标的计划，即怎么与别人沟通，先说什么，后说什么。

（3）预测可能遇到的异议和争执。

（4）对情况进行分析。就是明确双方的优劣势，设定一个更合理的目标，大家都能够接受的目标。

那么在沟通的过程中，要注意的有：① 事前准备，这是沟通过程中第一个步骤；② 准备目标，因为在工作中往往会不知道目标是什么，当在沟通之前有了一个目标时，对方肯定也会有一个目标，双方通过沟通能够达成一致协议。完成这个步骤一定要注意：在与别人沟通的过程中见到别人的时候，首先要说：我这次与你沟通的目的是什么。

2. 确认需求

（1）确认需求的3个步骤如下：

1）提问。

2）积极聆听。要设身处地地去听，用心和脑去听，为的是理解对方的意思。

3）及时确认。当你没有听清楚、没有理解对方的话时，要及时提出，一定要完全理解对方所要表达的意思，做到有效沟通。

沟通中，提问和聆听是常用的沟通技巧。在沟通过程中，首先要确认对方的需求是什么。如果不明白这一点，就无法最终达成一个共同的协议。要了解别人的需求、了解别人的目标，就必须通过提问来达到。沟通过程中有说、听、问 3 种行为。提问是非常重要的一种沟通行为，因为提问可以帮助了解更多、更准确的信息。所以，提问在沟通中会常用到。在开始的时候会提问，在结束的时候也会提问：你还有什么不明白的地方？提问在沟通中用得非常多，同时提问还能够帮忙去控制沟通的方向、控制谈话的方向。

（2）问题的两种类型如下：

1）开放式问题，是指没有设置任何备选答案或可供参考的提示，而是要求调查对象给出自己的回答。

如：我能帮助你干什么？你能给我哪些具体的例子？

2）封闭式问题，是指事先设计好的必选答案，受访者问题的回答被限制在备选答案中，即它们只要是从备选答案中挑选自己认同的答案。

如：我能帮助你吗？你能举个简单的例子吗？

（3）两种类型问题的优劣比较与提问技巧。

1）封闭式问题的优点和劣势如下。

优点：封闭式问题可以节约时间，容易控制谈话的气氛。

劣势：封闭式的问题不利于收集信息，简单说封闭的问题只是确认信息，确认是不是、认可不认可、同意不同意，不足之处就是收集信息不全面。还有一个不好的地方，就是用封闭式问题提问的时候，对方会感到有一些紧张。

2）开放式问题的优点和劣势如下。

优点：收集信息全面，得到更多的反馈信息，谈话的气氛轻松，有助于帮助分析对方是否真正理解你的意思。

劣势：浪费时间，谈话内容容易跑偏，就像在沟通的过程中，问了很多开放式的问题，结果谈到后来，无形中的话题就跑偏了，离开了最初的谈话目标。一定要注意收集信息要用开放式的问题，特别是确认某一个特定的信息适合用开放式问题。

封闭式与开放式提问的优势与风险见表 11–1–1。

表 11–1–1　封闭式与开放式提问的优势与风险

类别	优势	风险
封闭式	节省时间； 控制谈话内容	收集信息不全； 谈话气氛紧张
开放式	收集信息全面； 谈话氛围愉快	浪费时间； 谈话不容易控制

3）提问技巧。

在沟通中，通常是一开始沟通时，我们就希望营造一种轻松的氛围，所以在开始谈话的时候问一个开放式的问题；当发现话题跑偏时可问一个封闭式的问题；当发现对方比较紧张时，可问开放式的问题，使气氛轻松。

在与别人沟通中，经常会听到一个非常简单的口头禅“为什么？”当别人问我们为什么的时候，我们会有什么感受？或认为自己没有传达有效的、正确的信息；或没有传达清楚自己的意思；或感觉自己和对方的交往沟通可能有一定的偏差；或沟通好像没有成功等，所以对方才会说为什么，实际上他需要的就是让你再详细地介绍一下刚才说的内容。

几个不利于收集信息的问题如下：

（a）少说为什么。在沟通过程中，一定要注意，尽可能少说为什么，用其他的话来代替。比如：你能不能再说得详细一些？你能不能再解释得清楚一些？这样给对方的感觉就会好一些。实际上在提问的过程中，开放式和封闭式的问题都会用到，但要注意，尽量要避免问过多的为什么。

（b）少问带有引导性的问题。难道你不认为这样是不对的吗？这样的问题不利于收集信息，会给对方不好的印象。

（c）多重问题。就是一口气问了对方很多问题，使对方不知道如何去下手。这种问题也不利于收集信息。

4）积极聆听技巧。

积极聆听的技巧的介绍内容如下：

（a）倾听回应。就是当你在听别人说话的时候，你一定要有一些回应的动作。比如说：“好！我也这样认为的”、“不错！”。在听的过程中适当地去点头，这就是倾听回应，是积极聆听的一种，也会给对方带来非常好的鼓励。

（b）提示问题。就是当你没有听清的时候，要及时去提问。

（c）重复内容。在听完了一段话的时候，你要简单地重复一下内容。

（d）归纳总结。在听的过程中，要善于将对方的话进行归纳总结，更好地理解对方的意图，寻找准确的信息。

（e）表达感受。在聆听的过程中要养成一个习惯，要及时地与对方进行回应，表达感受“非常好，我也是这样认为的”这是一种非常重要的聆听技巧。

3. 阐述观点

阐述观点就是怎么样把你的观点更好地表达给对方，这是非常重要的，就是说我们的意思说完了，对方是否能够明白，是否能够接受。那么在表达观点的时候，有一个非常重要的原则：FAB 的原则。FAB 是一个英文的缩写：F 就是 Feature，就是属性；A 就是 Advantage，这里翻译成作用；B 就是 Benefit 就是利益。在阐述观点的时候，按这样的顺序来说，对方能够听懂、能够接受。

4. 处理异议

在沟通中，有可能你会遇到对方的异议，就是对方不同意你的观点。在工作中你想说服别人是非常难，同样别人说服你也是非常困难。因为成年人不容易被别人说服，只有可能被自己说服。所以在沟通中一旦遇到异议之后，就会产生沟通的破裂。

当在沟通中遇到异议时，可以采用一种类似于借力打力的方法，叫作“柔道法”。你不是强行说服对方，而是用对方的观点来说服对方。在沟通中遇到异议之后，首先了解对方的某些观点，然后当对方说出了一个对你有利观点的时候，再用这个观点去说服对方。即在沟通中遇到了异议要用“柔道法”让对方来说服自己。

5. 达成协议

沟通的结果就是最后达成了一个协议。请你一定要注意：是否完成了沟通，取决于最后是否达成了协议。

在达成协议的时候，要做到以下几方面：

（1）感谢。

1）善于发现别人的支持，并表示感谢；

2）对别人的结果表示感谢；

3）愿与合作伙伴、同事分享工作成果；

4）积极转达内外部的反馈意见；

5）对合作者的杰出工作给以回报。

（2）赞美。

（3）庆祝。

6. 共同实施

在达成协议之后，要共同实施。达成协议是沟通的一个结果。但是在工作中，任何沟通的结果意味着一项工作的开始，要共同按照协议去实施，如果达成了协议，却没有按照协议去实施，那么对方会觉得你不守信用，就会对你失去信任。信任是沟通的基础，如果你失去了对方的信任，那么下一次沟通就会变得非常困难，所以说作为一个职业人士在沟通的过程中，对所有达成的协议一定要努力按照协议去实施。

在沟通的过程中，如果按照这 6 个步骤去沟通，就可以使你的工作效率得到一个很大的提升。

二、协调的形式

协调的形式多种多样，主要介绍以下几种：

（1）会议协调。为了保证企业内外各不相同的部门之间，在技术力量、财政力量、贸易力量等方面达到平衡，保证企业的统一领导和力量的集中，使各部门在统一目标下自觉合作，必须经常开好各类协调会议，这也是发挥集体力量、鼓舞士气的一种重要方法，会议的类型有以下几种：

1）信息交流会议。这是一种典型的专业人员的会议，通过交流各个不同部门的工作状况和业务信息，使大家减少会后在工作之间可能发生的问题。

2）表明态度会议。这是一种商讨、决定问题的会议。与会者对上级决定的政策、方案、规划和下达的任务，表明态度、感觉和意见，对以往类似问题执行中的经验、教训，提出意见，这种会议对于沟通上下级之间感情，密切关系起到重要作用。

3）解决问题会议。这是会同有关人员共同讨论解决某项专题的会议。目的是使与会人员能够统一思想，共同协商解决问题。

4）培训会议。旨在传达指令并增进了解，从事训练，并对即将执行的政策、计划、方案、程序进行解释。这是动员发动和统一行动的会议。

（2）现场协调这是一种快速有效的协调方式。把有关人员带到问题的现场，请当事人自己讲述产生问题的原因和解决问题的办法，同时允许有关部门提要求。使当事人有一种“压力感”，感到自己部门确实没有做好工作。使其他部门也愿意“帮一把”，或出些点子，这样有利于统一认识，使问题尽快解决。对于一些“扯皮太久”，群众意见大的问题，就可以采取现场协调方式来解决问题。

（3）结构协调就是通过调整组织机构、完善职责分工等办法，来进行协调。对待那些处于部门与部门之间、单位与单位之间“结合部”的问题，以及诸如由分工不清、职责不明所造成的问题，应当采取结构协调的措施。“结合部”的问题可以分为两种，一种是“协同型”问题，这是一种“三不管”的问题，就是有关的各部门都有责任，又都无全部责任，需要有关部门通过分工和协作关系的明确共同努力完成。另一种是“传递型”问题，它需要协调的是上下工序和管理业务流程中的业务衔接问题。可以通过把问题划给联系最密切的部门去解决，并相应扩大其职权范围。

三、协调的艺术

（1）预防为主，预防与解决问题相结合。有水平的管理者应该有战略眼光，善于分析和推测未来，对可能发生问题和矛盾的环节，采取先期的预防措施，尽可能避免，或者准备好补救措施。

（2）把问题消灭在萌芽状态。有的问题，一旦出现苗头，就应该及时解决，防止问题恶化最大限度减少损失。

（3）最有效的协调方式应该从根本因素入手。既要治标又要治本，防止一个不断引发不同的问题或是重复出现同一问题，例如从组织设计、管理体制、管理制度、员工素质等原因引起的问题。

（4）善于弹钢琴、抓关键。细小烦琐的事情可以不必去理会，或是交给下级解决，自己集中精力抓大事，解决重大问题。一般以下问题应引起足够重视：影响全局的问题、危害重大的问题、后果严重的问题、单位中代表性的典型问题、根源性的问题、群众意见大的问题等。

（5）协调工作体现一个领导的工作水平，因此要创造性地开拓新方法，要有魄力。

（6）不能忽略职工素质的提高和信息交流。

四、案例：客户之间起纷争　营业厅内巧化解

【案例题要】客户在营业厅内发生争执，相互推搡、打架，受害人要求营业厅赔偿其经济损失。通过供电所营业班长的解释，化解了矛盾，让客户心情舒畅地离开。

【服务过程】盛夏的一天中午，供电营业厅的其他工作人员都吃午饭去了，只有收费员李某当值。这时，营业厅来了个小伙子办理过户业务，又正好来了位姑娘交电费，两位客户发生了言语和肢体的冲突，两个保安闻讯后立马赶到，小伙子自知理亏跑了，姑娘气得大哭，拨打了110，又打电话把自己的母亲叫来。

母女俩和收费员李某把经过告诉了110警务人员，李某并不认识小伙子，就提供了他的相貌特征，警务人员做完笔录后离开了。母女俩要求抓住打人的人，并要求供电公司赔偿自己的精神损失。收费员李某招架不了，赶紧打电话把情况告诉了营业班长。

营业班长将母女俩请入接待室，请她们坐下后，为每人倒了一杯茶并说："我首先向你们道歉！在营业厅内发生这种事儿，我们的工作人员没能及时制止，让你受委屈了。同时我们会配合警察做好调查，妥善处理好此事件。"姑娘母亲认为班长要包庇自己人，对此不依不饶，提出赔偿精神损失。营业班长晓之以理动之以情，耐心安抚客户，最后母女俩心平气和了，后来她们也没提任何要求。

【取得效果】有效平和了客户的激烈情绪，防止了事态的扩大，维护了公司的利益。

【案例点评】营业厅来往客户较多，小磕小碰的事儿在所难免。在寄希望于社会公民整体素质提高的同时，面对各种复杂局面，拥有化解矛盾的技巧，是供电企业窗口服务人员必备的能力。本案例中，营业班长面对挑剔、愤怒的客户，主动以婉转忍让、情感感化，让客户发泄，给客户认同感、亲切感；表示对客户的支持，真诚道歉；避免当事人与客户正面交锋，给客户"戴高帽"，婉转指出问题关键，积极从客户角度着想；达成一致意见，与客户形成朋友式的关系等化解客户情绪方法，给客户心理上如愿以偿的感觉，维护了公司的利益和形象，值得赞赏。本案也提醒我们，要加强对窗口服务人员的专业化培训，让更多的前台服务人员掌握更多主动化解矛盾的理念和技巧。

思考与练习

（1）有效沟通的 6 个步骤是什么？

（2）有效沟通的事前准备有哪些？

（3）简述开放式问题的优点和劣势。

（4）协调的形式主要有哪几种？